根のデザイン

— 根が作る食糧と環境 —

東京大学教授
森田茂紀 編

東 京
株式会社
養賢堂発行

執筆者一覧

（五十音順）

阿部　淳（東京大学大学院農学生命科学研究科）
飯嶋盛雄（名古屋大学大学院生命農学研究科）
一井眞比古（香川大学農学部）
稲永　忍（鳥取大学乾燥地研究センター）
岩切健二（宮崎県総合農業試験場）
大潟直樹（北海道農業研究センター＊）
大沼洋康（国際耕種株式会社）
尾形武文（福岡県農業総合試験場）
小柳敦史（東北農業研究センター＊）
鯨　幸夫（金沢大学教育学部）
近藤始彦（作物研究所＊）
坂場光雄（株式会社エコプラン）
下田代智英（鹿児島大学農学部）
大門弘幸（大阪府立大学大学院農学生命科学研究科）
巽　二郎（名古屋大学大学院生命農学研究科）
辻　博之（北海道農業研究センター＊）
土肥哲哉（株式会社西原環境テクノロジー）
豊田正範（香川大学農学部）
中野明正（野菜茶業研究所＊）
中野有加（野菜茶業研究所＊）
平岡潔志（和歌山県農林水産総合技術センター）
本間知夫（東京医科歯科大学難治疾患研究所）
増田欣也（中央農業総合研究センター＊）
松浦朝奈（九州東海大学総合農学研究所）
森田茂紀（東京大学大学院農学生命科学研究科）：編者
矢野勝也（名古屋大学大学院生命農学研究科）
山内　章（名古屋大学大学院生命農学研究科）
山下正隆（九州沖縄農業研究センター＊）
山本幹雄（都市基盤整備公団）
吉田　敏（九州大学生物環境調節センター）

＊：農業・生物系特定産業技術研究機構

まえがき

　本書のタイトルに採用した「根のデザイン」というのは，第5部第21章で紹介されている小島雅通 氏（サヘルの森）・大沼洋康 氏（国際耕種株式会社）・坂場光雄氏（株式会社エコプラン）のグループによる，乾燥地における植林活動のキャッチフレーズである．彼らは，厳しい乾燥条件の中で生き残っている植物の根をお手本にして，根をデザインすることによって失われた緑を少しずつ回復させ，それを基盤に現地の生活を再構築する実践活動を続けている．自然生態系に学び，これを利用しようという姿勢には学ぶべき点が多い．編者は，彼らが開催した「根をデザインする」と題するワークショップ（1997年7月2日，横浜市）に参加したのを契機に，根に関するこれまでの研究成果や普及活動を，「根のデザイン」という観点から見直したいと考えるようになり，2000年8月31～9月1日，東京大学農学部において勉強会を開いた．本書は，その成果を踏まえ，さらに多くの方々のご協力を得て完成したものである．

　「根のデザイン」という考え方には，① 根系の形態や機能を制御する技術，② 達成目標としての理想型根系，③ 根系の形態や機能を評価するためのノウハウ，という3つのポイントがあると編者は考えている．根について概説したうえで，このような考え方を提示したのが第1章である．また，第2章は，長年に渡って理想型根系という考え方を主張してきた山内章 氏の解説である．これら2つの章からなる第1部では，本書の核となる概念を提示しながら，② のポイントである理想型根系について考察した．第2部では③ のポイントを取り上げ，根系の形態や機能を測定・評価するための方法を整理してある．これは，理想型根系がどのようなものであるかを検討しながら，その目標に向かって根系を制御していくために必須のポイントである．第3部・第4部・第5部では，① のポイントに関連した研究成果や応用事例を紹介した．すなわち，第3部では，根系の形態や機能を遺伝的に制御するための基礎研

究や，実際の育種との係りについて整理した．また，第4部では，食糧生産の場面において根系の形態や機能を栽培的に制御する方法を，作物別に解説した．さらに，第5部においては食糧生産および人間生活の基盤となる，広い意味での環境形成のために根系を制御する技術が，生態系や目的別に紹介されている．

　以上のように，「根のデザイン」の基盤となる3つのポイントについては多くの試みが行われているが，今後の研究や実践に待つところが少なくない．本書が提示する「根のデザイン」という視点が，今後の根の研究の発展とその利用に少しでも役立つことを願っている．なお，本書の校正作業には，東京大学大学院農学生命科学研究科附属農場に所属する大学院生である伊藤香織，田島亮介，境垣内岳雄，田中丸耕治，古林秀峰，菅原俊二の諸君の協力を得た．記して感謝したい．

2003年11月　森田茂紀

目　次

第1部　根のデザインと理想型根系……………………………1

第1章　根のデザインとは……………………………………1
1. 食糧・環境問題と植物の根…………………………………1
2. 植物の根が果たしている役割………………………………2
3. 根系の形態と機能の制御技術………………………………3
4. 達成目標としての理想型根系………………………………5
5. 植物根系の機能と今後の課題………………………………8

第2章　理想型根系とは………………………………………10
1. 根系の機能と構造……………………………………………10
2. 理想型根系へのアプローチ…………………………………12
3. 理想型根系の今後……………………………………………16

第2部　根系の形態と機能の評価………………………………18

第3章　根系形態の測定と評価………………………………18
1. 根系調査の考え方……………………………………………18
2. 根系形態のパラメータ………………………………………18
3. 根系形態の調査法……………………………………………22
4. 根系形態の調査法の特徴とパラメータ……………………28

第4章　水分吸収の測定と評価………………………………31
1. 重量法による蒸散量の測定…………………………………31
2. 同化箱法による蒸散量の測定………………………………32
3. 土壌水分の変化による吸水量の推定………………………33
4. ポトメータを利用した吸水量と蒸散量の測定……………33
5. 茎内流速度の測定……………………………………………35

第5章　養分吸収の測定と評価………………………………39
1. 植物にとっての養分…………………………………………39

2. 養分吸収量の測定と評価 ……………………………………… 39
　　3. 吸収活性の測定と評価 ………………………………………… 41
　第6章　生理活性の測定と評価 ……………………………………… 48
　　1. 根の生理活性の指標 …………………………………………… 48
　　2. 出液速度 ………………………………………………………… 49
　　3. 生体電位 ………………………………………………………… 53
　第7章　支持機能の測定と評価 ……………………………………… 62
　　1. 水稲の耐倒伏性と根の生育特性 ……………………………… 62
　　2. 水稲の押し倒し抵抗値の測定 ………………………………… 63
　　3. 水稲苗の冠根直径の計測と評価 ……………………………… 65

第3部　根系形成の遺伝的な制御 ………………………………………… 69
　第8章　遺伝的変異と環境変異 ……………………………………… 69
　　1. イネの根系形態における遺伝的変異 ………………………… 69
　　2. コムギの根系形態における品種間差異 ……………………… 72
　　3. 根系生育に及ぼす環境変異 …………………………………… 73
　第9章　根の発育遺伝学 ……………………………………………… 76
　　1. 根系形成における根の伸長性 ………………………………… 76
　　2. シロイヌナズナの胚発生と幼根形成 ………………………… 76
　　3. 幼根の形態と生育に関する突然変異体 ……………………… 78
　　4. 細胞の伸長と根の伸長 ………………………………………… 79
　　5. 植物ホルモンと細胞分裂・細胞伸長 ………………………… 80
　第10章　根系の遺伝的改良 …………………………………………… 83
　　1. モデル植物の突然変異体の解析 ……………………………… 83
　　2. 毛状根を利用した根系の改良 ………………………………… 86
　第11章　根型育種と栽培管理 ………………………………………… 91
　　1. 根の遺伝的改良の必要性 ……………………………………… 91
　　2. 熱帯陸稲の耐乾性改良と根形質 ……………………………… 91
　　3. 土壌・栽培環境要因の影響 …………………………………… 92

4. 茎葉部の形態との関係 …………………………………… 93
　　5. 陸稲の根改良の方向 ……………………………………… 94
　　6. 低栄養投入適応品種の育成 ……………………………… 95
　　7. 根形質の遺伝的差異の利用 ……………………………… 96

第4部　食糧生産と根系制御 …………………………………… 98
第12章　水稲の栽培と根系 …………………………………… 98
　　1. 施肥の様式と根系の生育 ………………………………… 98
　　2. 肥料の種類と根系の生育 ………………………………… 99
　　3. 長期連続施肥と根系の生育 …………………………… 102
　　4. 根の生理的活性の評価 ………………………………… 103
　　5. 根系の生育と収量 ……………………………………… 103
第13章　陸稲の栽培と根系 ………………………………… 105
　　1. 陸稲栽培における障害 ………………………………… 105
　　2. 耐乾性と根系 …………………………………………… 106
第14章　コムギの栽培と根系 ……………………………… 111
　　1. 根系の構造と発達 ……………………………………… 111
　　2. 土壌環境による根系の変化 …………………………… 114
　　3. 根系形態の遺伝的改良 ………………………………… 115
第15章　畑作物の栽培と根系 ……………………………… 117
　　1. 不耕起栽培による根系の変化 ………………………… 117
　　2. 不耕起栽培における深根化の試み …………………… 120
　　3. 栽培管理と根系形成 …………………………………… 120
　　4. 根菜類の根系と育種 …………………………………… 122
第16章　野菜の栽培と根系 ………………………………… 125
　　1. セル成型苗の根系 ……………………………………… 125
　　2. 施肥管理と根系の生育 ………………………………… 129
　　3. 養液栽培と理想型根系 ………………………………… 133
　　4. 点滴灌漑栽培と根系 …………………………………… 135

- 第17章　永年生作物の栽培と根系 …………………………… 140
  - 1. 果樹の栽培と根系 ………………………………………… 140
  - 2. チャの栽培と根系 ………………………………………… 151
  - 3. コーヒーの栽培と根系 …………………………………… 156

第5部　環境形成と根系制御 ……………………………………… 162
- 第18章　作付体系と根系の生育 ……………………………… 162
  - 1. 作付体系と根系の生育 …………………………………… 162
  - 2. 汎用化水田における地力増進作物 ……………………… 163
  - 3. 輪作における作物の生育と根系 ………………………… 165
  - 4. 混作・間作における作物の生育と根系 ………………… 169
- 第19章　根系と根圏環境 ……………………………………… 173
  - 1. 植物による土壌資源の獲得 ……………………………… 173
  - 2. 根による根圏pHの調節 ………………………………… 173
  - 3. 機能性根分泌物と菌根共生系 …………………………… 175
  - 4. 不均一な養分分布に対する根系の応答 ………………… 177
- 第20章　ファイトレメディエーション ……………………… 181
  - 1. ファイトレメディエーションとは ……………………… 181
  - 2. ファイトレメディエーションにおける植物根の役割 … 182
  - 3. ファイトレメディエーションのメカニズム …………… 184
  - 4. ファイトレメディエーションの今後の展望 …………… 184
- 第21章　沙漠緑化と根系の生育 ……………………………… 186
  - 1. 乾燥地に生きる植物の智恵 ……………………………… 186
  - 2. 「根のデザイン」の考え方 ……………………………… 188
  - 3. 長根苗の育成方法 ………………………………………… 189
  - 4. 小径パイプを使った簡易掘削法による植栽 …………… 190
  - 5. 長根苗栽培のメリット …………………………………… 192
  - 6. 「根のデザイン」の今後 ………………………………… 193

第22章　都市緑化と根系の生育 ……………………… 195
　1. 都市化と都市緑化 …………………………………… 195
　2. 都市緑化と植物の根 ………………………………… 196
　3. 特殊土壌地における都市緑化 ……………………… 199

索　引 ………………………………………………………… 203

第1部　根のデザインと理想型根系

第1章　根のデザインとは

1. 食糧・環境問題と植物の根

　現在，世界各地で飢餓や栄養不足が発生しているが，これは食糧の分配がうまくいかないことにも大きな理由がある．確かに，地球全体における総量でみると，20世紀までは人口増加に対して食糧生産の増加が何とか追いついてきた．しかし，地球上の人口は爆発的な増加を続けており，今世紀中に食糧の絶対量が不足することは必至と考えられる．また，世界的に肉食傾向が進んでおり，これに伴って食糧生産の効率が悪くなっていることも，食糧不足に拍車をかけることになるであろう．したがって，安定的に食糧生産を上げていくことが急務といえる．

　食糧生産を考える場合，地球に到達する太陽エネルギーを固定する過程としての作物栽培に着目しなければならない．作物栽培における生産量は，耕地面積と，単位面積当たりの生産量である収量とによって規定されている（そのほかに耕地利用率も重要である）．このうち収量の増加は技術と密接に関連しており，遺伝的な改良と栽培技術の改善とがうまく絡み合うことによって実現される．栽培技術についてみると，耕起，施肥，水管理などの重要な管理作業は，土壌を介して作物の根に働き掛けるものである．したがって，適切な時期に，適切な栽培管理を行うためには，いつ，どこに，どれくらいの根があり（第3章），その根がどのように働いているか（第4章－第7章），という情報が必須のものとなる．

　一方，耕地面積についてみると，耕地として利用できるところはすでに開発されていることが多く，今後は耕地面積の大幅な増加が望めない．利用で

きる可能性が大きいのは限界地のようなところであるが，そのようなところでは，干魃，洪水，塩類集積，沙漠化，土壌侵食などの環境問題が噴出していることが多く，しかもこれらの環境問題は植物の根と，それを取り巻く土壌との境界に顕著に現われている．このように食糧生産だけでなく，多くの環境問題が人類の生存に大きな脅威となっている．これらの環境問題を解決して環境を修復したり，あるべき環境を積極的に形成するためにも（第20－第22章），植物の根に着目する必要がある（森田2000c）．

2．植物の根が果たしている役割

（1）進化からみた根の役割

現生のすべての高等植物は根（root）を持っているといってもよいが，初めに海から陸に上がった植物は「根も葉もない」ものであった．このことから，根および葉は，その後の進化の過程で獲得された器官であることが分かる．植物が海から陸に上がるときに大きな制約となったのは，大気中に酸素がなかったこと，強い紫外線が地上まで達していたこと，陸が海に比べて乾燥していたことであろう．シアノバクテリアが出現し，光合成に由来する酸素が放出されるようになると，まず海中に溶けている鉄が酸化されたが，それが終わると酸素は徐々に大気中に放出されるようになった．そして，酸素濃度の上昇に伴って上空にオゾン層が形成された結果，地上まで達する紫外線量が非常に少なくなり，残された問題は乾燥との戦いになった．

高等植物は，乾燥に対するいくつかの適応的な形態を有している．すなわち，植物は，体内水分を失うのを防ぐために体の表面をクチクラで覆い（光合成や呼吸のためのガス交換には気孔がある），根という吸水のための器官を形成し，吸収した水分をそれぞれの部分に効率的に運搬するために維管束を発達させた．植物の根の起源や進化（origin and evolution of roots）については，現在のところほとんど何も分かっていないが，根が養水分吸収のための器官として形成されたことは確かである．また，植物が大型化するのに伴って根も発達したことが，化石から明らかになっている．このことは，根が植物体を支える器官としても発達してきたことを示している．すなわち，陸上にあ

がった植物は，重力という新しい環境条件に適応する必要があった．以上のように，植物の進化からみると根は植物体を支え（第7章），養水分を吸収する（第4章，第5章）ための器官として生まれたと考えられる（森田2000c）．

（2） 植物の根の様々な役割

植物の根は，このほかにも様々な役割を果たしている．たとえば，根は重力を感受して一定の方向に伸びていくが，これは植物体の支持や養水分の吸収に役立っている．また，根の周囲の土壌が乾燥すると，いち早くこれを察知して，気孔を閉じるシグナルを茎葉部に送り，蒸散を抑制すると考えられる．植物の根は環境条件を感受する器官として機能しているほか，環境に対して積極的な働き掛けもしている．すなわち，根が土壌中を伸びることによって孔隙を作ることは，土壌の物理性の改善に役立っている場合が多い．また，根は土壌中に有機酸を分泌し，不溶性の養分を植物が吸収できる形に変えることも知られている（第19章）．さらに，根が土壌中に分泌する様々な有機物は根圏微生物の栄養源となっており，微生物との共生関係（第19章）を維持するうえで重要な役割を果たしている．このほか，地力の維持や向上にも根は役立っている（第18章）．

以上のように根は植物体を支え，生育に必要な養水分を吸収するだけでなく，根を取り巻く環境条件を感知して適応的に反応したり，さらに，環境に対して働き掛けをしている．根がこれらの役割を果たす過程で，様々な物質や情報が根を通して土壌中から植物体内へ，また，植物体内から土壌中に動いており，その意味で根は，土壌と植物体とを結ぶ動的なインターフェイス（interface）ということができる．

3．根系の形態と機能の制御技術

（1） 植物根系の特徴と制御

高等植物は軸性体制を有しており，それぞれの軸の先端に分裂組織をもつという点で動物と大きく異なっている．そして，植物ではこの分裂組織の働きによって，新しい器官や組織が古い部分の上に積み重ねられていく．また，それぞれの軸は分枝を繰り返し，自己相似的な構造を作っていく．そのため，

器官や組織の形や大きさは，形成時点における環境条件の影響を大きく受けることになる．もちろん，植物の形が遺伝的な制約を受けることはいうまでもないが，同時に生育時期の環境条件や体内条件によって大きな影響を受けることも事実である．作物栽培における管理作業の多くは，内外の環境条件を整えることを通じて作物の形態や機能を制御し，その能力を最大限に発揮させるために行うものである（森田 2000 a）．このことは，もちろん茎葉部だけではなく，根でも同じである．すでに指摘したように，多くの管理作業は土壌を介して作物の根に働きかけるものである．作物栽培は土を作ることを通じて根を作り，根を作ることを通じて花や実を作っているといえよう．

　植物個体の根の総体を根系（root system）と呼んでいる．根系は非常に多くの根から構成されており，その中には形成時期や形成部位を異にするものが含まれている．ただし，根の形態や構造は比較的単純であり，植物の種類が異なっても個々の根は基本的に似ている．しかし，根系全体の生育が大きな可塑性（phenotypic plasticity）を示すこともまた事実で，環境条件によって根系形態が大きく変化することが知られている（森田 2000 b）．根系形態に大きな影響を与える環境条件としては，水，窒素やリンなどの養分，pH，温度，土壌硬度，土壌構造などの様々なものがあるが，中でも水の影響は非常に大きい．根系の量や分布の様相は，植物体の支持や養水分の吸収という機能と密接に関係していることが経験的に知られている．そこで，根の遺伝的な背景およびその根を取り巻く環境条件をコントロールすることを通じて「根のデザイン」（designing roots），すなわち，根系の形態や機能を制御しようというアイデアを提示するとともに，どのようなポイントがあるかについて簡単に考察しておきたい．

（2）根系制御のポイント

　第1のポイントは，根系の形態をどのように制御するかという技術に関する問題である．根系形態には種や品種による固有の特徴があるが（第8章，第13章－第14章），同時にまた栽培管理によってある程度コントロールすることができる（第12章，第14章－第15章，第17章）．その場合，どのような栽培管理を行えばどのような根系を作れるかというノウハウが必要となる．

これは経験に学ぶところが多く，今後も事例研究を重ねていく必要がある．ただし，根系形成を検討する場合の視点を確立しておかなければ，事例研究の結果を整理して生かすことは容易でない．
　根系に関する研究において，根系を構成する個々の根に着目したものは多いが，多くの異なる根から構成された根系全体をシステムとして把握する試みは，まだ十分に進んでいるとはいえない．そこで，著者は水稲の根系形成を発育形態学的な視点から解析した．その結果，根系の形態は根量と分布の様相の組み合わせによって把握できること，根量と分布の様相は根の数・側根を含む根の長さ・根の伸長方向の組み合わせによって，それぞれ規定されること，これらの根の生育特性は茎の生育と密接に関連していることが，明らかになった．根系形成は植物の種類によって異なるため，この視点が他の作物や植物にも適応できるかどうかは検討の必要があるが，根系の環境反応について事例研究を積み重ねていく場合，その結果を整理するための視点を確立しておく必要がある（森田・阿部 1999 b）．

4．達成目標としての理想型根系

（1）理想型根系の根量と分布

　根系の形態ひいては機能を制御する場合，制御技術が第 1 のポイントとなることを先に指摘したが，同時に達成目標としての理想型根系（ideotype of root system, 山内 1996）がどのようなものであるかを解明しなければならない（第 2 章）．これが第 2 のポイントである．根系形成を発育形態学的にみる場合の視点はある程度確立されてきたが，関係する要因が非常に多く，しかもそれらが相互に密接に関連しているため，理想型根系に理論的にアプローチするのは容易でない．そのため，旺盛な生育を示したり，高い収量をあげた個体や個体群の根系を調査し，理想型根系の姿を浮かび上がらせようという経験論的な方法論が取られることが多い．たとえば，水稲では根系が大きく根量が多いことのほか，深く分布する根が相対的に多いことが重要であることが示唆されている．このように理想型根系を検討する場合，根量と分布に着目しなければならない．

根量を考える場合は，アロメトリー（allometry）が問題となることが多い．茎葉部と根系との間にアロメトリーが認められることは従来から知られているが，因果関係については十分に解明されていない．すなわち，形態的な相関関係としてしか取り扱えないところがあるが，大きな根系を持つ植物は茎葉部も大きいことが多い．もちろん，根系の生育を完全に制御して，その機能を十分に発揮させることができれば，根系を小型化して茎葉部あるいは収穫部分を大きくする戦略が望ましい．突然変異体を利用した研究の成果（第9章－第10章）を前提として，将来的には遺伝子操作などの技術を使って両者の関係を自由に制御することができるようになるかもしれないが，現時点では，茎葉部と根系のアロメトリーは打ち破れていない．

ただし，根系が大きければ茎葉部も大きい，あるいは収穫部分が大きいとは限らないため，問題は複雑である．すなわち，根系の分布にも着目する必要がある．水稲の収量にとって深根が重要と考えられることの学問的な裏付けは，対倒伏性が高まることを除くと必ずしも十分に解明されていない．一方，陸稲ではある程度，問題が整理されている（第13章）．すなわち，陸稲の場合は干魃が最大の制限要因となり，日本のような降水量が多いところでも，梅雨明けの急激な高温によって水ストレスがかかり，減収の原因となる場合がある．日本では，早生化によって水ストレスがかかる時期を回避するというのが一つの対策となっているが，中生や晩生の品種の場合，深根を持っていることが有利に働く．これは，土壌深層に残っている水を吸収できるからである．そこで，いつ，どこから出る根が深根となるかが発育形態学的に検討されている．また，その遺伝的背景に関するQTL解析も試みられており，耐乾性の強い品種を作り出すことが期待されている（第11章）．

（2）環境条件と理想型根系

沙漠緑化や沙漠化防止を考える場合にも，同じようなことがいえることが多い．すなわち，沙漠のような乾燥地においても土壌深層には水が残っていることがあり，この水を利用できれば，乾燥地においても植物が生き残ることが可能となる．乾燥地における植林で，深根を持った苗を定植することで成功している事例があるが（東海林・阿部1997，小島ら1998），これは深根

が土壌深層まで達し，そこに残っている水を利用できたからと考えられる（第21章）．すなわち，この育苗および定植の方法は，自然界に生き残っている植物の知恵を人為的にうまく利用しているわけである．このように，乾燥地でどのような植物が生育しているかを観察することは研究や実践を進めるうえで非常に重要であり，それが出発点になることが多い．

　その点，乾燥地には浅根を持った植物も生育していることは興味深い．すなわち，乾燥地といっても若干の雨は降ることがあり，それが非常に不定期ではあるが，一時的に水をもたらす．そのため，その不定期の少ない降雨をいかに利用できるかが，乾燥地に生育する植物の生き残り戦略に関係することがある．そのような降雨は土壌表面を流去してしまい，土壌の深層まで達しないことが多いため，土壌表層に分布する根が降雨を効率的に捕捉することが重要である．以上のように，乾燥地で生きる植物の根系としては，深根を持ちながら，それを補完する浅根を持つことが一つの典型的な姿と考えられる．

　根系の生育に問題があり，根系の生育を制約している要因が単純な場合は議論がしやすく，以上のような一般論もある程度は可能である．しかし，作物を取り巻く環境は様々で，同じ耐乾性が問題となる場合でも天水に頼る場合は，ほとんどの時期は乾燥していても，不定期な降雨によって一時的な湛水が起こることがある．そのため，耐乾性と同時に耐湿性も必要となり，問題が非常に複雑になる．このように実際に作物を取り巻く環境条件は一定でなく，とくに土壌水分条件は変動が大きく，しかもその変化が不規則であるため，対策は簡単でない．すでに考察した乾燥地における深根と浅根の組み合わせも，このような状況に対処する一つの方策である．すなわち，変動する環境に対処するという適応戦略として，一種の「保険をかける」という意味で，根系の形態に一定の幅を持たせることが必要になってくる．施設園芸のように環境条件を精密に制御できる場合であれば（第16章），保険をかける必要はなく，条件にあった最小の根系を作り，茎葉部や収穫部分をできるだけ大きくすればよい場合もある．しかし，フィールドの作物や自然植生を構成する植物の場合は，ある程度の環境条件の変動に対処できなければ，生

き残れない．このような視点から，それぞれの作物あるいは植物にとっての，それぞれの場所における環境条件に適合した理想型根系を追求することが，第2のポイントである．複雑な問題で，アプローチが容易でないが，根系の制御技術と同時並行的に検討しなければならない．

5．植物根系の機能と今後の課題

すでに指摘した第1および第2のポイントについて検討していく場合，根系の形態や機能をどのように評価するかという問題がある．これが，第3のポイントである．茎葉部の生育や最終的な収量がよければ，根系の機能も十分に発揮されていると考えることができる．すでにみたように，地上部と地下部の間にアロメトリーが認められるので，これを利用すれば，茎葉部の生育や収量から根系の形態や機能を推定することがある程度できる．しかし，さらに詳細に研究を進めていくためには，直接的に根系の機能を把握したり，評価する必要がある（第4章－第7章）．従来から，根系の機能と根量との間には密接な関係があるという暗黙の前提にたって，根系の機能を評価するために根量を測定することが行われてきた（第3章）．確かに根が多いほど一般に養水分の吸収量が多いが，常にそうとは限らない．根系を構成する個々の根にはライフサイクル（life cycle）があり，老化が進むと機能も低下してくる．そのため，異なる時期に異なる部位から出現した，数や直径や長さや分枝程度が異なる根によって構成される根系全体の機能は，時間とともに複雑に変化していく．根系を構成する個々の根の間に機能的な分担があることも考えられるので，単に根量だけで根系全体の機能を把握することが難しい場合もある．また，乾燥地では水のないところにいくら根があっても役に立たず，水のあるところにどれくらいの根があるかによって根系の機能が決まるため，根系全体の量が必ずしも根系全体の機能を反映しているとは限らない．

根の機能を評価するために，これまでは呼吸や酸化力や酵素活性などが着目されてきた．しかし，これらの指標を測定するには根系を掘り出し，さらに根を切り出す必要があり，しかもそれぞれ特殊な機器を必要とする．そのため，フィールドにおいて根系全体の機能を評価するには適していない．こ

れに対し，出液現象に着目して根系の活力を評価しようという試みはフィールドにおいて根系を掘り出さず，しかも特殊な機器を必要としないため注目されている（森田・阿部 1999 a）．ただし，茎葉部を切断する破壊的な方法であるため，フィールドにおける根系機能の評価方法について，今後さらに開発や改良を進める必要がある（第6章）．

　以上，簡単にみてきたように，食料問題や環境問題を考えていくうえで，作物や植物の根系およびこれを取り巻く環境に着目する必要がある．このような視点から「根をデザインする」，すなわち，根系の形態や機能を積極的に制御していこうとする場合，三つのポイントが重要となる．一つは，根系の形態や機能をどのように制御するかという技術的な点である．もう一つは，目標としての理想型根系に係る問題である．いいかえれば，どのような目標に向かって，どのように根系を制御するか，ということである．これらの二つのポイントにアプローチするためには，根系全体の形態や機能をシステムとしてどのように理解するかという視点を確立することが必要であり，そのうえで環境反応に関する事例研究を積み重ねていかなければならない．その場合，根系の形態や機能をどのように評価するかという問題がある．これが三つめのポイントであり，とくにフィールドにおいて簡便に根系の形態や機能を推定する方法を開発改良することが期待されている．

森田茂紀（東京大学大学院農学生命科学研究科）

引用文献

小島通雅ら 1998. グリーン・エイジ 25：42-46.
森田茂紀・阿部　淳 1999a. 根の研究 8：117-119.
森田茂紀・阿部　淳 1999b. 日作紀 68：453-462.
森田茂紀 2000a. 日作紀 69：110-112.
森田茂紀 2000b. 日作紀 69：554-557.
森田茂紀 2000c. 根の発育学. 東京大学出版会, 東京.
東海林知夫・阿部昌宏 1997. 緑工誌 23：26-28.
山内　章編 1996. 植物根系の理想型. 博友社, 東京.

第2章　理想型根系とは

1. 根系の機能と構造

(1) 理想的草型と理想型根系

　作物の生産性を規定している茎葉部の形態的形質の一つに，草型がある．草型の考え方は，1960年代にイネやコムギの生産性を飛躍的に増大させた緑の革命の中でも，重要な役割を果たした．緑の革命の背景には膨大な基礎研究の蓄積があったが，それらの研究はいずれも，何らかの形で多収のための「理想的草型」を追求したものといってもよい．

　草型の考え方は，その後の多収研究へも継承され，発展していった（秋田 1996）．この過程で，多収性品種の茎葉部の形態や機能がどのようなものであるか，あるいはどのようなものであるべきかが，明らかにされてきた．すなわち，多収をあげるためには，単に個葉の光合成能力が高いというだけではなく，個体の茎葉部や個体群の葉群構造全体が，太陽エネルギーを効率的に吸収するための「形態」を持っている必要があることが実証された．これは，作物個体の機能が，その体を構成する個々の器官の発育や生理機能の単なる寄せ集めではなく，器官ごとの機能的役割分担と，器官間の有機的な相互作用によって発揮されていることを示している．

　一方，一個体の根系全体も数多くの，しかも様々な種類の個根から構成されている．したがって，同じように根系全体の機能も個根の機能だけではなく，個根が組み合わさってできる根系の形態によって大きく規定されていることが容易に想像できる．

(2) 根系の捉え方

　このような立場から根系（root system）をどう理解するか，もう少し掘り下げて考えてみよう．根系は茎葉部とは異なり，頂端分裂組織の数が膨大であり，しかもそれらが分散しているという特性をもっている．このことを踏まえて，一個体の根系全体を異なる形態と機能をもつ個根（individual root）の

有機的集合体として捉える必要がある．このような根系の形態と機能を，遺伝子，細胞，組織，器官，個体のレベルで解析し，それぞれの階層で生じている現象の関連性に着目しながら一つのシステムとして再構築し，その全貌を明らかにしていかなければならない．根系を構成する要素の形態と機能が，システム全体としての根系の形態と機能を規定する一方，高次構造としての全体の形態と機能が，構成要素である個根の形態や機能に影響を及ぼしている．このような部分と全体の双方向のダイナミクスが，一個体の根系としての形態，機能を生み出している．

しかし，こうした捉え方をするためには，根系を構成している個根に関する発育学的，生理学的な理解が深まっていることが前提となる．ただし，それ以上に問題なのは，根系全体の問題をどの階層まで分解して解明すれば，個根間の相互作用も含めて，全体像を再構築することができるかという点である．根系の形態と機能を理解するために解析と総合を組み合わせる研究方法論の試み（森田 2000）は，まだ始まったばかりであるが，このことが，理想型根系（ideotype of root system）を考える出発点になる．

(3) 根系構造の機能的意義

以上のような議論を踏まえ，本章では機能的に意味のある根系の形態のことを根系構造（root system structure）と呼ぶことにする．根系には様々な機能がある．それぞれの機能ごとに，それと密接な関係をもつ根系構造が存在するはずである．ここでは，個体の生長を基本的に制御する養水分吸収・輸送機能を考えてみる．

土壌の養水分供給力を評価するうえで，土壌の養水分含量に加えて，根系構造を考えることが重要であることを初めて指摘したのは，Bray である（岡島 1976）．たとえば，ひげ根型根系（fibrous root system）の構造は，主として節根（nodal root）が枠組みをつくり，そのフレームワークの間を側根（lateral root）の分枝構造が埋めていると理解できる．そして，実質的な養水分吸収機能は側根が担っており，節根は側根を土壌中に配置し，吸収された養水分を茎葉部に輸送する役割を果たしている．

根系構造のフレームワークは，基本的に茎から発生する節根の長さと伸長

方向とによって決まる（Abe and Morita 1994）．根系を構成する節根や側根の中で，一般に考えられているような強い重力屈性を示すものはむしろ少なく，大部分の根は土壌中を様々な方向に伸長している（Oyanagi et al. 1993）．とくに長い側根ではこの傾向が顕著に認められ，これらもフレームワークの形成に参加している．

　一方，分枝構造は，側根の発達程度によって大きく規定される．根系全体の長さや表面積も，ほとんどが側根によって占められており（Yamauchi et al.1996），水分吸収の大部分も側根によることが報告されている（Varney and Canny 1993）．また，イネ科作物の側根には，太くて長く，さらに高次の側根を形成するL型側根（L type lateral root）と，比較的細くて短く，それ以上分枝しないS型側根（S type lateral root）とがある．これは，それぞれの分枝次元で認められる現象で，根系のそれぞれの部分における末端は，S型側根ということになる（Yamauchi et al. 1996）．なお，L型側根とS型側根とは，単に形態が異なるだけでなく，機能的に分化している可能性がある．このように，分枝構造も異なる種類の根によって形成されている．

2．理想型根系へのアプローチ

（1）理想型根系の条件設定

　理想型根系とは，あるアウトプットを最大化するように最適化された根系である．したがってそのアウトプットが何であるかを明確に規定しなければならない（Taylor and Yamauchi 1991）．たとえば，個体全体の乾物生産量，収量，あるいは次世代のための種子生産量などである．先の理想的草型の議論においては，光という資源の獲得にとっての最適な形態，という考え方が基軸にあることを紹介した．それと同様に根系について考えれば，養水分という資源の獲得を最大化する構造を有する根系が，一つの理想型根系ということになる．

　また，最大化すべきアウトプットを評価する際に，同時にその個体が置かれている環境条件を明確に規定する必要がある．それは，ある環境条件下で最大化されていたアウトプット（たとえばある根系機能）が，条件が変動する

と最大限に発揮されないことがあるからである．

　根系は環境条件に対して反応して形態を変化させる能力をもっており，この能力は可塑性（phenotypic plasticity）と呼ばれている（O'Toole and Bland 1987）．この観点からみると，茎葉部から分配された光合成産物を効率よく利用し，変動する土壌環境，とくにストレス環境に応答して個体の発育を安定させるような能力を持っている，すなわち可塑性の大きい根系を理想型根系と考えることもできる．

　このようにして，環境要因を，理想型根系を考えるときの条件に入れることによって，おのずと根系構造の動的側面が理想型根系の重要な形質になることがわかる．可塑性は遺伝学的にたいへん扱いにくいため，これに着目した育種プログラムはこれまでほとんどなかったが，とくに植物のストレス耐性と密接に関連している可能性が高く，今後十分に注目していく必要がある．

（2）土壌環境条件と理想型根系

　ここでは著者らの研究成果を中心にしながら，異なる土壌環境条件における理想型根系についてみてみよう．

　①土壌水分条件と理想型根系：著者らは，起源，栽培地域，生態型の異なるイネ科作物13種の根系構造を比較した結果から，これらの作物の根系を集中型根系（concentrated type root system）と分散型根系（scattered type root system）とに分けた（Yamauchi et al. 1987）．また，これらの作物の中で集中型根系を持つものは相対的に耐湿性に優れ，逆に分散型根系を持つものは耐乾性が大きい傾向を認めた（Kono et al. 1987 a, Yamauchi et al. 1988）．分散型根系は節根が作るフレームワークが大きく，とくに乾燥条件下において広範囲からの養水分を獲得する能力に優れている．乾燥条件下では，土壌の透水係数が低く，水や養分の移動速度も遅いので，大きな根系が有利になる．一方，集中型根系を持つ作物が生育する土壌は湿っていることが多く，この場合は養水分の移動速度は比較的速い．そのため，茎葉部から根系に分配された一定量の光合成産物を使い，細くて短い側根を多数発生させることによって表面積を広げた根系が合理的である．また，水分含量が高いために低酸素条件となった土壌では，酸素の大部分は通気組織を通じて茎葉部から根

へ供給されるので，酸素要求度が最も高い根端までの距離が近い，すなわち短い根を持つ集中型根系が有利と考えられる．

以上のように，根系構造がストレス条件に対する耐性や適応性に関係している可能性がある．すなわち，集中型根系は相対的に耐湿性が大きい作物の，また分散型根系は耐乾性の大きい作物の理想型根系の，ひとつのあり方を示していると考えることができる．

②乾燥土壌条件と理想型根系：乾燥した土壌条件下では，深く広くひろがった，分枝のよく発達している深根が重要であることは，多くの研究者によって指摘され（Araki and Iijima 1998），また遺伝的改良の試みも進められてきた（近藤 2000）．

一方，Passioura（1972）は，対象地域の水文学的環境を詳細に検討した結果を踏まえて，従来の知見とは異なる仮説を発表した．すなわち，この地域で耐乾性の大きかったコムギ品種は，従来からいわれていたような深根性で，分枝が良く発達し，旺盛な根系発育を示す品種ではなかった．反対に，種子根の数が少なく，しかも導管直径が比較的小さいために水の通導抵抗が高く，土壌中から水を少しずつ吸収し，水ストレスに対する感受性が最も高い開花期まで土壌水を枯渇させないというものであると考えられた．それ以降，機能形態学的，生理学的，遺伝育種学的な基礎研究を積み上げた結果，育種目標に沿った品種を育成することに成功し，数年に及ぶ圃場試験の後，その成果を公表した（Richards and Passioura 1989）．この考え方を簡単に一般化することはできないが，環境条件を正確に把握したうえで理想型根系を想定し，その考え方に即した根系を実際にデザインしたという意味で，理想型根系を考えるうえで示唆に富む研究といえる．

また著者らは，乾燥土壌条件下において側根が発揮する可塑性に注目してきた．従来，乾燥ストレスに対する根系の反応については様々な報告があり，必ずしも一致した結果が得られていないが（山内 1998），その原因は，ストレスの強度や対象とする植物種の違いに加え，注目している根の種類が厳密に区別されていないことにある．たとえば，ダイズを用いて，土壌乾燥に対する根系の反応を検討したところ，L型1次側根のうちでも長く，高次の側根

を旺盛に分枝するものの可塑性が大きく，乾燥によってその発育が顕著に促進された(Kono et al. 1987 b). また，耐乾性の大きいソルガム・トウジンビエと小さいハトムギとを比較したり (河野・山内1996, Pardales and Kono 1990)，水稲と陸稲とを比較した結果 (河野・山内1996)，側根，とくにL型側根の発揮する可塑性が，耐乾性に重要な役割を果たしていると考えられた．

③ 天水田における理想型根系：世界的にみるとイネ栽培地域の約半分が天水田 (rainfed lowland rice field) で，灌漑設備が整っていない．この天水田における最大の収量制限要因は，水ストレスである．天水田には，深さ20 cm付近に硬盤層 (plow pan) という不透水層が存在し，そのため一時的に湛水状態となる場合がある．すなわち，硬盤層より下の心土は通常，湿潤状態であるが，硬盤層より上の作土は不定期な降雨によって嫌気的条件と好気的条件を繰り返し，その際に起こる水ストレスが生産性の低下を招く．このように，天水田における水ストレスは，畑状態で起こる単純な乾燥ストレスとは質的に異なったものである (Wade et al. 2000).

それでは，天水田における理想的な根系とは，どのようなものであろうか？この問題を検討するために，畑条件 (土壌水分条件を乾燥から再灌水によって適湿条件に変化させた場合) と，天水田条件 (湛水条件から乾燥条件を経て，再灌水した場合) におけるイネの生育を比較した．畑条件の場合，供試したすべての品種の乾物生産，根系発育，水吸収が，適湿条件下で生育した対照個体に比較して抑制されていた．これに対して天水田の場合は，乾燥条件下で生育した後の再灌水に対する反応に明確な品種間差異が現われた．すなわち，天水田条件に適しているとされてきた品種や系統では，適湿条件下に比べ，再灌水条件下で茎葉部から分配された乾物がより効率的に利用され，すでに出現している節根における側根，とくにL型側根の発育が促進され，さらに新しい節根が発生し，全根長が増加した．また同時に，根乾物重と水吸収速度も増加した (Bañoc et al. 2000 a, b).

イネ以外の種も含む一連の研究において，側根の発達や節根の発生が促進されるような根系構造の可塑性には遺伝変異が存在し，その可塑性は，変動を含むストレス条件下における作物の環境応答において重要な役割を果たし

ていることが明らかになっている（Kamoshita *et al.* 2000, Pardales *et al.* 2000, Azhiri-Sigari *et al.* 2000, Yamauchi *et al.* 1996）．

3．理想型根系の今後

　本章の「2-(2) 土壌環境条件と理想型根系」で紹介した例においては，必ずしも根系の養水分吸収能が直接評価されることなしに，根系構造と植物個体の生長や収量とが関係づけられている場合が多い．養水分吸収機能を決めている根系構造が個体の生長などに密接に関連していると考えるのはきわめて自然ではあるが，その対応関係は推論の域を出ておらず，今後因果関係として実証される必要がある．すなわち，根系構造やその示す可塑性の機能的意義を解明することによって（田中ら 2000），理想型根系の実態が明らかになると考えている．

　これまでの多くの研究のように，根系を「根」としてひとまとめにして捉えていたのでは，個根の様々な反応がプールされてしまう．本章では土壌水分条件を中心に取り上げたが，著者らは，この他に土壌温度や化学性（アレロパシー物質，養分）と根系構造・機能との関係についても調べてきた（山内 1994）．これらの結果に共通して，根の種類によって土壌環境要因に対する反応が異なっており，そのことが根系形態の示す可塑性の実態であることが明らかになっている．根系機能の実態を把握し，根系の理想型を提示するためには，根系を構成する個根間の役割分担と相互作用についてさらに理解を深めることが鍵となる．

山内　章（名古屋大学大学院生命農学研究科）

引用文献

Abe, J. and S. Morita 1994. Plant Soil 165：333-337.
秋田重誠 1996. 山内　章編　植物根系の理想型. 博友社, 東京. 9-34.
Araki, H. and M. Iijima 1998. Plant Prod Sci. 1：242-247.
Azhiri-Sigari, T. *et al.* 2000. Plant Prod. Sci. 3：180-188.
Bañoc, D. M. *et al.* 2000a. Plant Prod. Sci. 3：197-207.

Bañoc, D. M. *et al.* 2000b. Plant Prod. Sci. 3 : 335-343.
Kamoshita, A. *et al.* 2000. Plant Prod. Sci. 3 : 189-196.
近藤始彦 2000. 農業および園芸 75 : 1129-1136.
Kono, Y. *et al.* 1987a. Jpn. J. Crop Sci. 56 : 115-129.
Kono, Y. *et al.* 1987b. Jpn. J. Crop Sci. 56 : 597-607.
河野恭弘・山内　章 1996. 山内　章編　植物根系の理想型. 博友社, 東京. 149-172.
森田茂紀 2000. 根の発育学. 東京大学出版会, 東京.
岡島秀夫 1976. 土壌肥沃度論. 農文協, 東京. 58-66.
O'Toole, J. C. and W. L. Bland 1987. Adv. Agron. 41 : 91-145.
Oyanagi, A. *et al.* 1993. Env. Exp. Bot. 33 : 143-158.
Pardales Jr. J. R. and Y. Kono 1990. Jpn. J. Crop Sci. 59 : 752-761.
Pardales Jr. J. R. *et al.* 2000. Plant Prod. Sci. 3 : 134-139.
Passioura, J. B. 1972. Aust. J. Agric. Res. 23 : 745-752.
Richards, R. A. and J. B. Passioura 1989. Aust. J. Agric. Res. 40 : 943-950.
田中佐知子ら 2000. 根の研究 9 : 167-171.
Taylor, H. M. and A. Yamauchi 1991. In Acevedo, E. *et al.* eds. Physiology-Breeding of Winter Cereals for Stressed Mediterranean Environments. INRA, Paris. 369-403.
Varney, G. T. and M. J. Canny 1993. New Phytol. 123 : 775-786.
Wade L. J. *et al.* 2000. Plant Prod. Sci. 3 : 173-179.
Yamauchi, A. *et al.* 1987. Jpn. J. Crop Sci. 56 : 618-631.
Yamauchi, A. *et al.* 1988. Jpn. J. Crop Sci. 57 : 163-173.
山内　章 1994. 農業および園芸 69 : 521-526.
Yamauchi, A. *et al.* 1996. In Ito, O. *et al.* eds. Dynamics of Roots and Nitrogen in Cropping Systems of Semi-Arid Tropics. Japan International Research Center for Agricultural Sciences, Tsukuba. 211-233.
山内　章 1998. 農業および園芸. 73 : 551-556.

第2部　根系の形態と機能の評価

第3章　根系形態の測定と評価

1．根系調査の考え方

　植物の根は植物体を支持し，養水分を吸収するほか，植物ホルモンを生産して茎葉部の生育を調節するなど，様々な役割を果たしている．また，最近は，根がストレス条件の感知器官として機能していることが注目されている．これらの様々な機能は根系の形態と密接に関係しているため，根の研究を進めるうえで，根系の形態を定量的に把握するための視点・手法・指標を確立することが必須である．

　根系の形態は，根量と分布の様相を組み合わせれば把握することができる．また，根量と根の分布は，根系を構成する個々の根（個根）の数，長さ，伸長方向の組み合わせによって規定されることが明らかになっており，この3つのパラメータが根系形態を計測する場合の基本となる（森田・阿部 1999）．ただし，その他にも，いくつかのパラメータがあるので，研究目的によって適切なものを選択して利用することが必要である．これらのパラメータを測定するために，従来から様々な根系調査法が考案・改良されている（Böhm 1979, Smit et al. 2000）．以下では，根系形態に係る主要なパラメータおよび調査方法を簡単に紹介する．

2．根系形態のパラメータ

（1）根量のパラメータ

　①根重（root weight）：比較的容易に測定でき，根系の発達程度を大雑把に把握するのに有効であるため，従来からよく利用されるパラメータである．

また，乾物生産や地上部−地下部関係を検討する場合に必須であるが，養水分吸収や支持機能との関係を考察する場合は，根長や表面積の方が適切である．モノリス法（3-(3)参照）やオーガー法（3-(4)参照）で採取した土壌サンプルから根を洗い出し，その新鮮重または乾物重を測定する．

②根長（root length）：根と土壌との接触程度を示す表面積を第一近似するのに重要なパラメータで，養水分吸収機能を検討する場合に必須の指標となる．採取した土壌サンプルから根を洗い出し，ライン交差法（line intersection method）（Newman 1966, Tennant 1975）やルートスキャナー（root length scanner）で測定する．画像解析を利用すれば，他のパラメータも同時に計測・算出できる．

③根数（root number）：ひげ根型根系では茎の各々の節から出現する節根・冠根が根系の枠組みを作っている．したがって，節位別の節根数は根量と分布に大きな影響を与える．一方，養水分吸収という機能を考えると，その入口となる側根が重要であり，根系全体に占める根数の割合も側根の方が圧倒的に多い．側根の根端は生理的活性が高いため，根端の数という意味でも根数は重要なパラメータである．側根の根端が重要であることは，主根型根系でも同じである．採取した土壌サンプル中の根の数を測定するほか，土壌断面における単位面積当たりの根数として定義される根数密度（root number density）を根系分布の評価に利用することがある．

④根の表面積（root surface area）：根と土壌との接触程度を示すパラメータといえるが，測定が難しいため，あまり利用されてなかった．最近，画像解析技術が発達したため，直接測定ができるようになってきた．根の直径と長さのデータがあれば，ある程度の精度で推定できる．

⑤平均根長（mean root length）：ひげ根型根系の場合，総根長を節根数で割って平均根長を算出することがある．これは，側根を含めた節根1本当たりの総根長のことで，この値が大きいほど1次根の根軸の長さが長いか，あるいは側根が発達していることを意味する（森田ら1995）．

(2) 根の分布のパラメータ

①根長密度（root length density）：単位土壌体積中に分布する総根長の

ことで，根長を土壌体積で割って算出する．土層別・部位別の根量の分布を示すパラメータとして重要であり，養水分の吸収と密接な関係がみられる場合がある．なお，類似したパラメータに根重密度（root weight density, g cm^{-3}），がある．

②**根域**（rooting zone）：土壌中で根系の分布している範囲をさす．根域の大きさや形が問題となるほか，根域内における根の分布も重要である．土壌断面法（3-（2）参照）を利用して根の分布を調査したり，土壌中のいくつかの地点で根長密度（root length density）を計測して根長密度の等値線を描くことで把握する（Nakamoto 1989）．

③**根の到達深度**（rooting depth）：単に到達深度ともいい，最も深くまで分布している根が到達している深さをさす．一般に深層ほど根の量が少なくなるので，根系を掘り出さない場合は，多数の地点で調査しないと推定が難しい．根系と乾燥ストレスとの関係を検討する際に重要なパラメータとなる．

④**根の深さ指数**（root depth index）：根系の重心を表す数値で，この値が大きいほど深根性であること，小さいほど浅根性であることを示す．深さ別に根長や根重を測定し，根量で重み付けした深さを算出する．すなわち，「根の深さ指数＝Σ（ある層の深さ×その層の根量）/全根量」で，単位は普通 cm である（小柳 1998）．根量のパラメータとしては根長が使われる場合が多いが，根重や根数が使われることもある．根系分布を数値化することで，定量的な比較が可能となる．同様にして根系の水平方向への広がりを評価することもできる．

（3）**根の分枝のパラメータ**

①**比根長**（specific root length）：根長/根重によって算出される値で，根の平均的な直径あるいは分枝程度の指標となる．この値が大きいほど，細い根が多く，分枝が発達していると考えられる．ただし，木質化などのために根の比重が異なる場合は，根の直径や分枝程度の指標とするのは適切でない．

②**分枝係数**（branching coefficient）と**分枝指数**（branching index）：いずれも根の分枝程度を示すパラメータで，これらの値が大きいほど分枝が発

達していることを示す．分枝係数は総根長を総根軸長で割った値，分枝指数は（総根長－総根軸長）を総根軸長で割った値である．したがって，分枝係数－1＝分枝指数という関係がある（森田 2000）．

③ トポロジー指数（topology index）とフラクタル次元（fractal dimension）：トポロジー（位相幾何学）的な見方を根の根系構造の解析に利用すると，分枝構造の複雑さをトポロジー指数として数値化して評価することができる（Fitter 1986）．また，根は自己相似性をもったフラクタルであるので，根系構造の複雑さを表すパラメータとしてフラクタル次元を利用することもある（Tatsumi et al. 1989）．

(4) 根の生育のパラメータ

① 根の始原体の形成（root initiation）と出根（root emergence）：根系形成の基礎となるパラメータであるが，非破壊的に把握することは難しい．イネ科作物の場合には，出葉と出根との間に密接な対応関係が認められるので（川田ら 1963），これを利用して推定することが可能である．

② 根の伸長速度（root elongation rate）と伸長期間（root elongation period）：個々の根の最終的な長さを規定する要因である．破壊的な方法で測定することは難しく，リゾトロン，ミニリゾトロン法（3-(5)参照），根箱法，AE法（3-(6)参照）などの非破壊的な方法が利用される．

③ 根の伸長方向（root growth direction）：個々の根の伸長方向は，根系の形態や分布を規定する重要なパラメータである．根の重力屈性に規定されているため，幼植物の種子根や主根を用いた研究が多く，根系全体を対象とした研究は少ない．発掘法（3-(1)参照）やモノリス法（ケージ法，ピンボード法，バスケット法，(3-(2)参照)のほか，根箱法やリゾトロン法によって測定できる．なお，根の伸長方向を表すのに，根が鉛直方向となす角度を使う場合と，水平方向となす角度を使う場合があるので，注意が必要である．

④ 根の直径（root diameter）：根の直径は，その他の形態的形質や生育の様相と密接に関係しており，一般に根の直径が太いほど，伸長速度が大きく，最終的な根長が長く，側根が発達しており，下方向に伸長する傾向がある．また，直径に対応して組織構造にも違いがあり，太い根ほど維管束が発達して

いる．根の直径は土壌硬度や植物体の水分条件によっても変化することが知られている．このように根の直径は重要なパラメータであるが，測定に時間と労力がかかることや，1本の根のどこを測定するかという問題がある．このパラメータはサンプリングして直接測定するほか，リゾトロンなどを用いて測定することもできる．

3. 根系形態の調査法

(1) 発掘法 (excavation method)

①塹壕法 (trench method)：植物体から離れた位置に塹壕を掘り，その中に人が入って，アイスピックやドライバー，あるいは圧搾空気や水圧を利用して土壌を取り除き，丁寧に根系を掘り出す方法である．自然状態に近い根系の像が得られ，採取したサンプルから多くのパラメータを計測することができる．個々の根の形状と土壌との関係などを調査するのにも適している．ただし，相当の労力と時間を要するため反復数を増やすことが難しい．また，大きな塹壕を掘るので圃場を荒らすという問題点がある．

②水平面発掘法 (horizontal excavation method)：水平に広がる根系を，土壌表面から下に向かって掘り出していく方法である．掘り出す範囲は，樹冠や茎葉部の広がりの1.5倍程度であることが多い．浅根性植物の調査に適しており，樹木や果樹の調査に用いられることが多い．

③扇形法 (sectorial excavation method)：樹木や果樹のような大きな根系を調査するための簡便法である．この方法では，扇形に露出させた根系の一部から根系全体を推定する．

(2) 土壌断面法 (profile wall method)

植物体のそばに塹壕を掘り，土壌断面を整形した後，グリッド（通常 5×5 cm）に分割する．グリッド内の土壌断面を5 mm程度だけ取り除き，露出した根の数や長さを記録する，あるいは，透明なシートに根の位置を写し取る．後者の作業をマッピング，得られた根の像をルートマップ (root map) という．根の垂直分布だけでなく，条と条間のような水平方向を含めた分布の様相を観察できる．また，塹壕を掘り進んで連続した土壌断面で測定すれば，根

の空間分布を調査できる．さらに，いくつかの仮定に基づき，グリッド当たりの根数や根長から根長密度を換算したり，個体当たり・面積当たりの根量を推定することもできる．ただし，この場合，根相互の付着によって過小評価され，モノリス法より小さい値が得られることがある（Köpke 1983）．しかし，採取や分離が困難な細い根についても測定できるため，根系の発達程度の比較や環境要因の影響などの検討に利用される．

（3）モノリス法（monolith method）

根系の一部または全部を含む土壌モノリスを圃場から掘り出し，根系を洗い出して観察・測定する方法で，根系の定量的測定に適している．得られたサンプルの測定や解析の方法が，いろいろと改良されている．

①無枠モノリス法（non-frame monolith method）：根を含む土壌を，ショベルを使って厚板状あるいは角柱状に掘り出す方法である．

②ブロック法（soil-block washing method）：調査目的に沿った大きさの角柱状モノリスを土壌断面から切り出し，木製または金属製の枠をはめて持ち出す方法である．根系の分布や層別の根の量的形質を計測するのに適している．

③改良モノリス法（modified monolith method）：「コ」の字形をした金属枠（打ち抜き枠）をハンマーで土壌中に叩き込んだ後，引き続いて切り取り板を打ち込み，二つの板の上部に空けられた穴に鉄棒を通して，引き上げる．表層30 cm程度に分布する根系の採取に適しており，作物や野菜の根系調査に利用されることが多い．

④Nelson-Allmaras法：巨大な土壌モノリスを枠囲いして吊るし上げ，水槽に浸して洗浄する方法である．樹木や果樹の大型根系の調査に利用される．

⑤ケージ法（cage method）：土壌モノリスを金属ケージでしっかりと覆い，ケージの間から長いピンを刺し，根を固定してから洗い出す方法である．自然状態に近い根系の形態や分布を3次元的に観察できる．

⑥ピンボード法（pinboard method）：所定の大きさのボード（鉄または厚板）全面に長釘（5-20 cm）を等間隔（5 cm程度が多い）に打ち抜いたもの用意する．これを圃場に掘った塹壕の土壌断面に押し入れ，釘が刺さった部

分の土壌モノリスを掘り上げて，根系を洗い出す方法である．ケージ法と同様，根系分布の原形を保つことができる．かなりの労力を要するので，狭い範囲を対象にすることが多い．

⑦ **バスケット法**（basket method）：あらかじめバスケット（金属製あるいはプラスチック製のザル）を土壌中に埋め込み，その中心に植物を生育させると，伸長した根がバスケットのメッシュを通り抜ける．バスケットを掘り出し，根が通り抜けた位置を調べることによって比較的簡単に根の伸長方向が測定できる（Nakamoto and Oyanagi, 1994）．

⑧ **円筒モノリス法**（cylindrical monolith method）：金属製のパイプを土壌中に打ち込んで，円柱状のモノリスを掘り出し，一定の長さ（たとえば，10 cm）ごとに分割して，その中に含まれる根を調査する方法である．木本性の場合は幹を中心に 1 m^2 の面積をもつ円柱状モノリスを，また草本性の場合は通常，直径 5-30 cm，深さ 30 cm 前後のモノリス採取する．

（4）**オーガー法**（augar method）・**コアサンプリング法**（core sampling method）

コアサンプラーを打ち込んで土壌サンプルを採取して根を洗い出し，根長や根重などを土層別・部位別に測定する方法である．コアサンプラーの大きさや構造は様々である．最も簡単なハンドオーガーは金属製で，内径 5 - 10 cm，長さ 10 - 20 cm である．円筒の下端は鋸刃になっており，上端に 1 m 前後の T 字型の柄がついている．水稲用に改良されたものもある（田中ら 1985）．その他，動力を使うものに Kelly 式コア試料採取機があり，トラクターやジープの後部に装着して，エンジンの動力によって稼働させ，圃場を走行しながらサンプリングする．この方式で使用する土壌筒の直径は 10 cm，長さは 3 m である．いずれにしても，根系の一部分のみを採取する方法であるため，コアサンプラーの打ち込み場所や反復数について十分に検討する必要がある．

（5）**リゾトロン**（rhizotoron）**とミニリゾトロン**（mini - rhizotoron）

リゾトロンは，根系の生育を観察するために地下に設置した大型施設である（Taylor *et al.* 1990）．地下に部屋を作り，通路の両側の壁にガラスやアク

リルの窓を設置して，根を観察できるようにしてある．根がうまく現われるように，観察面は若干傾けてある場合が多い．また，根に光をあてないように，また観察面に藻を発生させないために，観察面にはカバーがしてある．ただし，土壌断面とガラス面との境界部分は特殊な環境となるため，根の伸長方向や分布が影響を受ける．そのため，根の絶対量を問題とするときには注意が必要であるが，ガラス面に現われた根の長さを測定して，根の分布の相対的な比較はできる．また，根の伸長速度や更新などの時間的なパラメータの測定に適している．その他，観察面に現われている根の直径，分枝，伸長方向を調査することができるし，根の色からエイジやスベリン化の程度を推定したり，病気の発生や進行を観察することも可能である．なお，ガラス窓に取外し可能な小さなパネルがあれば，土壌や根の採取もできる．土壌溶液を採取できる装置を取り付ければ，ライシメーターとして機能する．

　リゾトロンの最大の特徴は，一度装置を設置すれば，非破壊的に継続して，また他の方法より少ない労力で，根を観察できることである．ただし，施設の建設に多くの費用，時間，労力が必要となる．リゾトロンのメリットを簡単な装置で再現したのが，ミニリゾトロンである．この方法では，アクリルやガラスでできた透明な観察用管（直径 6 – 150 mm）を，鉛直方向に対して 30 – 45°傾けて土壌に挿入し，観察用管の内壁に沿って生育した根を，管内に挿入した小型 CCD カメラで観察し，画像を記録して解析する．観察用管を傾けるのは，根が壁面に沿って伸長することで根量が過大評価されるのを避けるためである．

（6）人工条件下で用いられる計測法

　①根箱法（root chamber (box) method）：側面にガラス板やアクリル板を用いた箱に土壌を詰めて植物を栽培し，側面に現われた根の生育を経時的に観察する方法である．根箱法では根域が制限されるが，土耕条件で根系を非破壊的に観察することができる．ただし，根は土壌と観察面との境界部分に集中するので，土壌中におけるインタクトな状態の根系を観察しているとは限らない点に注意する必要がある．なお，根系の 3 次元的な分布を観察するために，根箱内をナイロンメッシュで細かく区切ったリゾボックス法

(rhizobox method, Youssef and Chino 1987) が考案されている．その他，野菜や挿し木苗の育苗培地である発泡フェノール樹脂（商品名・オアシスP-5770）を根箱の培地に用いた発泡フェノール樹脂根箱（Sekimoto *et al.* 1997）を用いれば，培地中に生育した根や培地を容易に取り出すことができるし，根系の3次元構造や根系の一部を観察することもできる．さらに，根系を着色するのが容易なため，発色薬による検出法と画像解析法を組み合わせると，根系のpHや養分の分布を画像として観察することができるという利点もある．ただし，その場合は植物は水耕しなければならない．

②リゾメーター（rhizometer）：実験室内で水耕した根の生長を連続的に記録する計測機器で，差動トランスを用いる方法と水位検出式リゾメーターがある．差動トランスは中空の筒の中央に巻かれた1次コイルとその両側に二つの2次コイルを逆向きに配置したもので（久田・下澤 1982），中空部分に磁芯（鉄芯など）を差し込んで位置を変えると，位置の変化によって1次コイル側に電圧信号が取り出せるため，磁芯を植物の根端に接続しておけば，植物の生長を電気信号として記録できる．磁心移動の検出感度は，$1\,\mu m$以下である．根の生長計測には，磁芯の回転角度を検出する方式の差動トランスが用いられる．ただし，一つの装置で1個体しか計測できない．一方，根端に接触しないで，同時に多数の根の生長を測定する方法もある（Tanimoto and Watanabe 1987）．測定槽に幼植物を金属製のクリップで固定し，その中へ水耕栽培用の培養液を一定速度で注ぐ．一方の電極を金属クリップ，もう一方を水耕液中に設置すると，根が導電体であるため，水面が根端と接触すると通電する．したがって，給水開始から根端に水面が触れて通電するまでの時間を計測すれば，根の長さを計測できる．この方法は根端に機械的な接触がないので，レタスのような細い根の伸長も記録できるし，多数の根の生長を同時に測定できる．ただし，水耕栽培が必要であり，鉛直方向にまっすぐ伸びない根では誤差が大きくなる．

③中性子ラジオグラフィ法（neutron radiography）：中性子は水素に非常に強く吸収されるため，中性子を照射してX線フィルムを感光させると，水素を多く含む部分が白い像として得られる．そのため，アルミニウム板で

製作した小型の根箱（厚さ 5 – 20 mm）に土壌を充填して植物を生育させ，根箱部分の中性子ラジオグラフィを撮影すると，土壌に比較して多くの水素，すなわち多くの水分を含んでいる根が白く写る（Nakanishi and Matsubayashi 1997）．したがって，経時的に撮影すれば，根の生長を非破壊的に観察することができる．また，同時に土壌水分の動態を計測できるため，根の周辺における水分吸収の様相も分かる．ただし，測定できるサンプルの大きさに制限がある．

④ アコースティック・エミッション法（AE 法，acoustic emission method）：根が土壌中を伸長する際，土壌粒子同士が衝突し擦り合さって，音響パルスが発生する．AE 法は，この音響パルスの発生回数（AEカウント）を計測して，根端の位置を経時的・非破壊的に計測する方法である（Shimo-

表3.1　根系調査法と計測可能な根の形態的パラメータ

	根重	根長	根数	根の表面積	平均根長	根長密度	根域	根系の到達深度	根の深さ指数	比根長	分枝係数・分枝指数	フラクタル次元・トポロジー指数	根の伸長速度・伸長期間	根の伸長方向	根の直径
発掘法	○	○	○	○	○	○	○	○	○	○				○	○
土壌断面法		△	○				△	○							
モノリス法（無枠・ブロック・改良 Nelson-Allmaras法）	○	○		○			○	○	○						
モノリス法（ケージ法、ピンボード法）	○	○	○	○	○			○	○	○				○	○
オーガー法・コアサンプリング法	○	○	○	○			○	○							
リゾトロン法			○	○			△	△	△	○	○		○	○	
ミニリゾトロン法			○	○				△							
根箱法		○	○	○	○	○		○	○	○	○	○			
リゾメーター				○									○		
中性子ラジオグラフィー法				○			○						○	○	
AE法													○	○	

（Atkinson ed. 1991, Smit et al. 2000 などを参考に作成）

(28)　　第3章　根系形態の測定と評価

tashiro *et al.* 1998 a, b)．根が伸長する際，根の根端部分で音響パルスが発生し，それが伝播する過程で減衰するため，AE センサーで感知される AE カウントは，根端に近いセンサーほど多く，遠いセンサーほど少なくなる．そこで，複数のセンサーが感知した AE カウントを相対値（相対 AE カウント）で表すと，AE センサーからの距離との間に直線関係が成り立つ．この直線関係を用いれば，相対 AE カウントから根端の位置を同定することができ，根の伸長量や伸長速度の計測が可能となる．また，相対 AE カウントを空間座標上の X，Y，Z 軸方向のそれぞれについての算出すれば，3次元的に根の伸長を捉えることができ，根の回旋運動なども計測できる．この計測法の問題点は，計測範囲が限られることや，土壌の種類によっては計測精度が落ちることである．

4．根系形態の調査法の特徴とパラメータ

各調査法によって計測できる根系形態のパラメータを表3.1に，また，その

表3.2　根系調査法の特徴

	労力	施設・機器	経費	継続性	携帯性	根の生育への影響	計測に必要なサンプル数	計測可能なサンプルサイズ
発掘法	大	不要	少	不可	不可	破壊	多	大
土壌断面法	大	不要	少	不可	不可	破壊	多	大
モノリス法（無枠,ブロック,改良 Nelson-Allmaras法）	大	不要	少	不可	不可	破壊	多	大
モノリス法（ケージ法，ピンボード法）	大	不要	少	不可	不可	破壊	多	中
オーガー法・コアサンプリング法	中	不要	少	不可	不可	破壊	多	小
リゾトロン法	小	要	多	可	不可	大	少	大
ミニリゾトロン法	小	要	多	可	可	中	多	中
根箱法	小	要	多	可	可	大	少	中
リゾメーター法	小	要	多	可	可	小	少	小
中性子ラジオグラフィー法	小	要	多	可	可	小	少	小
AE法	小	要	多	可	可	小	少	小

(Atkinson ed. 1991, Smit *et al.* 2000 などを参考に作成)

他の特徴を表3.2に簡単にまとめた（いずれの表も，Atkinson ed. 1991やSmit et al. 2000などを参考に作成した）．一般に破壊的な計測法は多くのパラメータを計測できるが，継続性がなく多くの労力がかかる．一方，非破壊的な計測法は継続性があり，労力も少なくて済むが，計測できるパラメータが限られる．また，根系に影響を与える場合があるし，サンプルサイズなどに制限があり，初期生育に限られるもの，根系全体ついては計測できないなどの問題もある．いずれにしても，各計測法の特徴を理解して選択の参考にされたい．

下田代智英（鹿児島大学農学部）
稲永　忍（鳥取大学乾燥地研究センター）
森田茂紀（東京大学大学院農学生命科学研究科）

引用文献

Atkinson, D. ed. 1991. Plant Root Growth. Blackwell, London.
Böhm, W. 1979. Methods of Studying Root Systems. Springer-Verlag, Berlin.
Fitter, A. H. 1986. Ann. Bot. 58：91-101.
久田光彦・下澤楯夫 1982. 電気的計測法（実験生物学5）. 丸善, 東京.
川田信一郎ら 1963. 日作紀 32：163-180.
Köpke, U. 1983. Root Ecology and Its Practical Application. Bundesanstalt, Bumpenstein.
小柳敦史 1998. 日作紀 67：3-10.
森田茂紀ら 1995. 日作紀 64：58-65.
森田茂紀・阿部　淳 1999. 日作紀 68：453-462.
森田茂紀 2000. 根の発育学. 東京大学出版会, 東京.
Nakanishi, T. and M. Matsubayashi 1997. J. Plant Phys. 151：442-445.
Nakamoto, T. 1989 Jpn. J. Crop Sci. 58：648-652.
Nakamoto, T. and A. Oyanagi 1994 Ann. Bot. 73：363-367.
Newman, E. I. 1966. J. Appl. Ecol. 3：139-145.
Sekimoto, H. et al. 1997. Soil Sci. Plant Nutr. 43：1015-1020.
Shimotashiro, T. et al. 1998a. Plant Prod. Sci. 1：25-29.
Shimotashiro, T. et al. 1998b. Plant Prod. Sci. 1：248-253.
Smit, A. et al. eds. 2000. Root Methods. Springer-Verlag, Berlin.

田中典幸ら 1985. 日作紀 54：379-386.
Tanimoto, E. and J.Watanabe 1987. Plant Cell Physiol. 35：1019-1028.
Tatsumi, J. *et al.* 1989. Ann. Bot. 64：499-503.
Taylor, H. M. *et al.* 1990. Plant Soil 129：29-3*
Tennant, D. 1975. J. Ecol. 63：995-1001.
Youssef, R. A. and M. Chino 1987. J. Plant Nutr. 10：1185-1195.

第4章　水分吸収の測定と評価

　植物の根による水分吸収には，蒸散に伴う葉の水ポテンシャルの低下が駆動力となる受動的吸水（passive water absorption）と，根圧に基づく能動的吸水（active water absorption）とがある．しかし，根は土壌中にあるため，吸水速度を経時的に，しかも正確に測定することは困難である．そこで，吸水のほとんどが蒸散による受動的吸水によるものであることから，蒸散速度（transpiration rate）を測定して吸水速度を推定する場合が多い．ただし，ポトメータ（potometer）を用いれば，水耕栽培した植物の吸水速度と蒸散速度とを分けながら，同時に測定することができる．

　一方，能動的吸水速度は受動的吸水速度よりはるかに小さいが，蒸散速度が大きい場合に導管内で形成される気泡を解消したり，蒸散がほとんど起こらない夜間や曇天下において植物体に水分を供給することに寄与している．なお，能動的吸水速度は根の生理的活性と密接に関係しており，出液速度から推定できる．出液速度の測定と評価については第6章に解説があるので，参照されたい．

1．重量法による蒸散量の測定

　ポットなどの容器を用いて生育させた植物の重量を容器ごと測定すれば，一定期間内の重量の減少分から蒸散量を把握することができる．その場合，容器内の土壌表面からの蒸発を防ぐために土壌に覆いをするか，土壌表面からの蒸発量を推定して差し引く．なお，植物からの蒸散量に比べて容器全体の重量が著しく大きい場合は，秤の精度が問題となる．数kgまでの場合は10 mg，数～20 kg程度の場合は1 gの精度が必要となる．

　ここで測定する蒸散量は，個体当たり（g plant^{-1}）や容器当たり（g pot^{-1}）で表す（Kono *et al*. 1987, Yamauchi *et al*. 1988）．同時に植物体の乾物重を測定すれば，蒸散量を乾物重で割って水利用効率や，乾物重を蒸散量で割って蒸散係数を算出できる（Kono *et al*. 1987, Yamauchi *et al*. 1988）．また，葉面

積を測定すれば，単位時間・単位葉面積当たりの蒸散速度（g H_2O dm^{-2} h^{-1}）を算出できる．

　この方法は，数日ないし1週間以上のある程度長期間における平均的な蒸散速度を推定するのに用いられるほか，種々の蒸散量測定機器の較正に利用されることが多い．ただし，容器の大きさによっては根域が制限され，植物体の生育や水利用効率も影響を受けることがある（Ismail *et al.* 1994）．そこで，周囲の環境を圃場に近い条件にした大型のポットで植物を栽培して，そのポットの下部に設置した電子天秤でポット内の重量変化を正確に測定する方法が開発されており，計量式または浮動式ライシメーター（weighing lysimeter, floating lysimeter）法と呼ばれている．

2．同化箱法による蒸散量の測定

　個葉，個体または個体群を同化箱に入れて，同化箱内における一定時間内の空気湿度の増加量を測定すれば，蒸散量を測定できる．すなわち，一定の湿度に調節した空気を一定流量だけ同化箱へ送り込み，同化箱の出口と入口における空気湿度を湿度計または露点計で測定し，絶対湿度に換算すれば，蒸散速度（T）は次式で算出される．

$$T\ (g\ plant^{-1}\ h^{-1}) = F\ ([H_2O]\ out - [H_2O]\ in) / N \cdots (1)$$
$$T\ (g\ dm^{-2}\ h^{-1}) = F\ ([H_2O]\ out - [H_2O]\ in) / A \cdots (2)$$

ここで，Fは空気の流量（$l\ h^{-1}$），$[H_2O]$ outおよび$[H_2O]$ inは同化箱の入口と出口における絶対湿度（$kg\ m^{-3}$），Nは個体数，Aは葉面積（dm^2）である．なお，同化箱に送り込む空気は，蒸留水を通して加湿した後，一定温度条件下で除湿して湿度を調節する（石原・平沢 1985）．

　吸水量は蒸散量とほぼ同じと考えられ，土壌中にある根系より茎葉部の方が取り扱いやすく，非破壊で測定できるため，同化箱法は広く使われている．この方法は，個葉から個体群までを対象とし，同時にCO_2濃度を測定すれば，光合成速度や葉のガス交換速度に着目した水利用効率（光合成速度/蒸散速度）も算出することができる．ただし，同化箱内の環境は圃場条件と大きく異なる場合があるので，自然状態の蒸散速度を測定しているとは限らないこと

に注意する必要がある．

3．土壌水分の変化による吸水量の推定

　植物の根によって水が吸収されると，その分だけ土壌水分が減少するので，根が分布する土壌領域内で一定期間内に減少した水分量を測定すれば，吸水速度を推定することができる．実際には，土壌水分の減少量を測定するとともに，土壌表面からの蒸発量も測定し，補正を行う必要がある．また，同時に根長密度（第3章）を測定しておくことが望ましい．

　土壌水分量を直接測定するには，調査地点の土壌を採取して重量を測定してから，その土壌を105℃で12時間以上乾燥させた後，デシケータ内で室温まで放置して一定重量になってから再度重量を測定し，その差を算出する．均一な土壌では10g程度の試料で十分信頼の高い結果が得られるが，不均一な土壌では50～100g程度の試料を必要とし，反復を多く設ける必要がある．土壌含水量を間接的に非破壊測定するには，中性子水分計法やTDR法などがある（矢部1980，堀野・丸山1992）．土壌水分を測定した地点の近くから土壌を採取して，その中に含まれている根量を測定すると，土壌水分量の減少と根系の発達程度は，比例する場合が多い（Lilley and Fukai 1994）．ただし，この方法は，ある程度の長期間における平均的な吸水速度を推定するのに適しているが，地下水位が高かったり，曇天が続いたりすると土壌深層から水が上昇するため，一定の気象条件下で測定しないと誤差が大きくなる．なお，植物の吸水量の表し方としては，土層別の吸水量（mm），これを累積した全吸水量（mm），1日当たりの吸水速度（mm day^{-1}），単位土壌体積当たりの吸水量（cm^3 cm^{-3}）などがある（Lilley and Fukai 1994）．

4．ポトメータを利用した吸水量と蒸散量の測定

　水耕栽培において，一定時間内における水耕液の減少量を測定すれば，吸水量が分かる（図4.1）．ただし，水耕液の減少量は，ビュレット管などの計量管を使って正確に測定する必要がある．また，水耕液が蒸発することを防ぐために根系を入れる容器は密閉し，植物体の茎はグリース，ラノリン，弾力

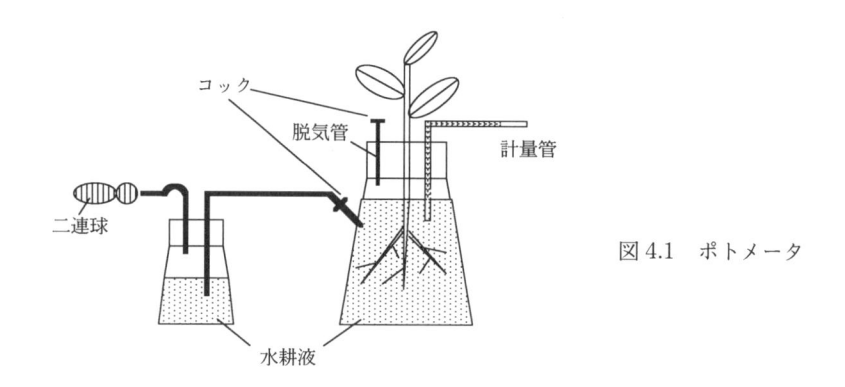

(34)　　第 4 章　水分吸収の測定と評価

図 4.1　ポトメータ

性の大きいゴム粘土などを用いてゴム栓に密着させる．なお，水耕液の減少量を測定した後，水耕液を補給して実験開始の状態に戻しておく（石原・平沢 1985）．

　植物体の重量変化を無視できるような短い期間であれば，植物体を含むポトメータ全体の重量の減少分を蒸散量とみなすとができるため，先に紹介した重量法と組み合せると，蒸散速度と吸水速度を同時に，しかも区別しながら測定することができる．したがって，これを利用すれば，様々な条件に対する蒸散速度や吸水速度の反応を検討できる．また，同時に葉面積や根量を測定すれば，葉面積当たりの蒸散速度や根量当たりの吸水速度を，単位時間当たりで算出することができる．

　ポトメータを用いて測定した蒸散速度と吸水速度の推移にはほとんどタイムラグがなく，またほぼ同じ値を示したことから，蒸散に見合った吸水が行われていることが確認できる（平沢ら 1987）．

　なお，ポトメータ法では水耕を用いるが，水耕と土耕では根の生育が大きく異なることが知られている．また，多くの畑作物を水耕する場合には通気が必要である．したがって，ポトメータで測定した吸水速度は，圃場条件下における吸水速度と同じとは限らない．

5. 茎内流速度の測定

　植物の根によって土壌中から吸収された水は，蒸散や根圧によって茎内を上昇して茎葉部へ運ばれ，そのほとんどが大気中へ放出される．この水の流れ（茎内流）は，受動的吸水および能動的吸水の両者を含むものであり，従来から，色素や同位元素，あるいは熱を茎に与えて，それが一定時間後にどこまで移動するかによって評価されてきた．なかでも熱を利用する方法は原理が簡単であり，同時に多くの植物体について非破壊的な測定が行えるため，広く利用されている．現在普及している方法としては，ヒートパルス法とヒートバランス法がある．いずれも茎内に与えられた熱の移動による温度変化を測定することは同じであるが，ヒートパルス法では瞬間的に茎内に熱を与えるのに対し，ヒートバランス法では熱を定常的に与える．そのため，ヒートパルス法は周囲の環境の変化を受けにくく，茎内流の変化に対する応答が速いが，ヒートバランス法は周囲の環境の変化により熱平衡を妨げられやすい．絶対量を求めるためにヒートパルス法では較正が必要とされているが，ヒートバランス法でも較正を行ったほうがよい．

（1）ヒートパルス法（heat pulse method）

　植物の茎に棒状の細いヒーターを挿入してパルス状の熱を与え，ヒーターから離れた部位に挿入した熱電対によってこの熱の移動を温度変化として検出すれば，以下の式から茎内流速度（F；$g\,s^{-1}$）を算出することができる（Cohen et al. 1988）．

$$F = V \times A \times C \cdots (3)$$

　ここで，Vは茎内の熱伝導速度（$cm\,s^{-1}$），Aは茎の断面積（cm^2）である（図4.2）．また，Cは植物固有の較正係数で，ヒートパルス法で計測した蒸散速度（$g\,h^{-1}$）と重

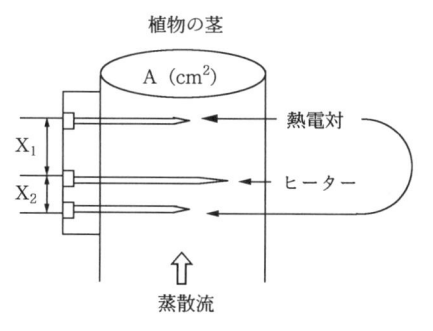

図4.2　ヒートパルス法

量法で測定した蒸散速度（g h^{-1}）との間に得られる回帰直線の傾きとして算出できる．茎内の熱伝導速度は，次式から算出される．

$$V = (X_1 - X_2) / t_0 \quad (0 < V < 0.22\text{mm s}^{-1}) \cdots (4)$$

$$V = (X_1^2 - 4kt_m)^{0.5} / t_m \quad (0.17\text{mm s}^{-1} < V) \cdots (5)$$

ここで，X_1，X_2：ヒーターからそれぞれの熱伝対までの距離（mm），t_0：X_1，X_2地点での上昇温度の差が負から正に転じるのに要する時間（s），k：茎の熱拡散係数（mm^2 s^{-1}），t_m：上位のセンサーが最大温度に達するのに要する時間である．なお，0.17mm s^{-1} < V < 0.22mm s^{-1}の場合には両式とも適用できる．

　この方法を用いて，ソルガム（*Sorghum bicolor*）の蒸散速度を測定したところ，水ストレスを受けた個体の蒸散速度は十分に灌水したもののそれに比べて小さく，両者の蒸散速度の日変化にタイムラグが認められた（Salih *et al.* 1999）．この他，トウモロコシ，リンゴ，ダグラスモミ，ヒマワリ，ワタ，ダイズなどに適用された事例も報告されている．

　ヒートパルス法は取り扱いが簡便で，周囲の環境の影響を比較的受けにくく，茎内流の変化に対する応答が速いというメリットがある．一方，組織に若干の損傷を与えること，絶対量を求めるためには較正が必要なこと，継続的に測定ができないこと，較正係数がヒーターや熱伝対の挿入位置によって大きく左右されるという欠点がある．

（2）ヒートバランス（茎熱収支）法（heat balance method）

　ヒートバランス法とは，植物の茎の一部分に定常的に熱を与え，茎内流によって運ばれる熱の移動を温度変化として測定し，下記に示す熱収支式から茎内流速度を推定する方法である．茎の太い樹木の場合には，熱は電極板として茎内に挿入されるが，茎の細い草本では茎の周囲から与えられる．茎に供給された熱量（Q；W）は，茎内流によって上方へ輸送される熱量（Q_f；W），茎の上下方向へ伝導する熱量（q_u, q_d；W），および周囲の空気へ伝導する熱量（q_s；W）として失われていく（Sakuratani 1981）．したがって，

$$Q = Q_f + q_u + q_d + q_s \cdots (6)$$

となる（図4.3）．また，Q_fは茎内を上昇する水の量（F；g s^{-1}）と加温部上

下の温度差（$T_d - T_u$；℃）の関数として表すことができる．

$$Q_f = C_p \cdot F(T_d - T_u) \cdots (7)$$

ここで，C_p は水の比熱（J kg^{-1} ℃$^{-1}$），F は茎内流の速度（kg s^{-1}），T_d は加温部上方の茎温（℃），T_u は加温部下方の茎温（℃）である．(6) と (7) より，

$$F\ (\text{kg s}^{-1}) = (Q - q_u - q_d - q_s) / C_p (T_d - T_u) \cdots (8)$$

となる．また，(8) の各項目は，次の式で算出できる．

$$q_u = \lambda \times A_u (T_{u1} - T_{u2}) / \Delta x \cdots (9)$$

$$q_d = \lambda \times A_d (T_{d1} - T_{d2}) / \Delta x \cdots (10)$$

$$q_s = k \cdot \Delta T_s \cdots (11)$$

ここで，λ は茎の熱伝導率（W m^{-1} ℃$^{-1}$），A_u と A_d はそれぞれ加温部上下の茎の断面積（m^2），T_{u1} と T_{u2} は加温部上方の茎温（℃），T_{d1} と T_{d2} は加温部下方の茎温（℃），Δx はこれら2点間の距離（cm）である．また，k は断熱材の熱伝導度（W ℃$^{-1}$），ΔT_s はセンサー内外の温度差（℃）である．

ヒートバランス法を利用するには，センサー部を取り付ける数 cm 以上の茎部分が必要であり，これまでに，イネ，サトウキビ，トウモロコシ，キュウリ，ダイズ，トマト，ヒマワリ，メロン，ワタ，サツマイモ，ポプラなどで調査事例が報告されている．測定時に重要なのは，茎の周囲にサランラップをできるだけ薄く巻き，その上にヒーターや熱伝対を密着させて取り付けることである．この方法を用いて測定したトマト（*Lycopersicon esculenthum*）の蒸散速度は，地温が低下すると速やかに減少することが明らかにされている（Ali *et al.* 1996）．この方法は，環境の変化に

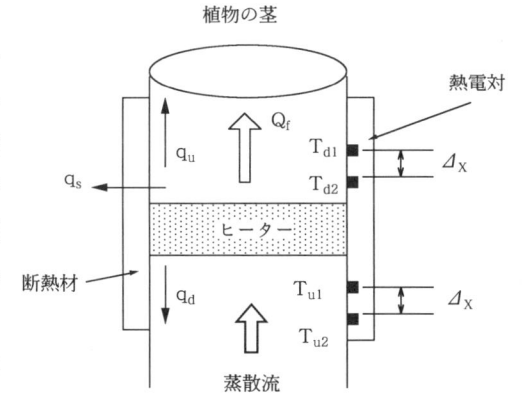

図4.3 ヒートバランス法

より熱平衡が妨げられやすく,長期間にわたって装置を付けると植物の肥大生長を抑制するという欠点がある.ただし,較正を行う必要がなく,草本ではセンサーの脱着が容易であるという利点があり,重量法で測定した蒸散量の±10％程度の精度で測定できる（Sakuratani 1981）.

　ヒートパルス法で推定したダイズ（*Glycine max*）とトウモロコシ（*Zea mays*）の蒸散速度（g h^{-1}）は,重量法で推定した結果とよく一致したのに対して,ヒートバランス法では,蒸散速度が大きくなるとダイズでは過小評価され,トウモロコシでは逆に過大評価されたという報告もある（Cohen *et al.* 1993）.一方,リンゴの茎直径の太いところはヒートパルス法で,また茎の細いところはヒートバランス法で蒸散速度を測定したところ,日の出と日の入り時をのぞいて信頼できる結果が得られている（Sakuratani 1997）.

松浦朝奈（九州東海大学総合農学研究所）
稲永　忍（鳥取大学乾燥地研究センター）

引用文献

Ali, I. A. *et al.* 1996. J. Plant Nutr. 19 : 619-634.
Cohen, Y. *et al.* 1988. Agron. J. 80 : 398-402.
Cohen, Y. *et al.* 1993. Agron. J. 85 : 1080-1086.
平沢　正ら　1987. 日作紀 56 : 38-43.
堀野治彦・丸山利輔　1992. 土壌の物理性 65 : 55-61.
石原　邦・平沢　正　1985. 北條良夫・石塚潤爾編　最新作物生理実験法. 農業技術協会.東京. 101-105.
Ismail, A. M. *et al.* 1994. Aust. J. Plant Physiol. 21 : 23-35.
Kono, Y. *et al.* 1987. Jpn. J. Crop Sci. 56 : 115-129.
Lilley, J. M. and S. Fukai 1994. Field Crops Res. 37 : 205-213.
Sakuratani, T. 1981. J. Agr. Meteorol. 37 : 9-17.
Sakuratani, T. 1997. J. Agr. Meteorol. 53 : 141-145.
Salih, A. A. *et al.* 1999. Crop Sci. 39 : 168-173.
矢部勝彦　1980. 土壌の物理性 41 : 90-94.
Yamauchi, A. *et al.* 1988. Jpn. J. Crop Sci. 57 : 163-173.

第5章　養分吸収の測定と評価

1. 植物にとっての養分

　新鮮な植物体には，約70～90％の水が含まれている．水を除いた植物体の乾物中には，炭素（約45％），酸素（約41％），水素（約6％）が含まれる．また，この3元素以外には窒素，カリウム，カルシウム，リンなどの元素が含まれているが，これらの無機元素は主として根を通して土壌中から吸収され，植物の生長に利用される．高等植物が生きて行くうえで必要不可欠な元素（必須元素，essential elements）は，炭素，水素，酸素，窒素，リン，カリウム，カルシウム，マグネシウム，イオウ，鉄，マンガン，銅，亜鉛，塩素，ホウ素，モリブデンの16元素である．この他，植物の種類によっては，ケイ素やコバルトが必須な場合がある．一般に，養分または無機養分と呼んでいるのは，炭素と酸素と水素を除いた必須元素のことである．

　必須元素の中で比較的多量に必要とされるものを多量養分，また微量で足りるものを微量養分として，便宜的に区別している．窒素，リン，カリウム，カルシウム，マグネシウム，イオウが多量養分，鉄，マンガン，銅，亜鉛，塩素，ホウ素，モリブデンが微量養分である．

2. 養分吸収量の測定と評価

（1）成分含量の変化量から求める方法

　植物による無機養分の吸収量を測定する基本的な方法として，植物に含まれている養分量の増加分を求めるやり方がある．これは，一定期間の前と後とで植物体全体（あるいは地上部）に含まれる養分量を測定し，その差（増加分）を吸収量とする方法である．測定対象とする養分の種類に応じて，分析する無機成分の種類を増やせば，同じサンプルで同時に多くの種類の養分について吸収量が得られる．しかし，数時間程度の短い時間では吸収量が少ないので，測定値の信頼度が低くなる．通常は，数日から数週間程度の比較的長

期間における平均値としての吸収量の測定に適している．植物体に含まれる成分の分析以外には特別な装置を必要としないので，簡便な方法である．また，圃場に生えている状態の作物を調べる場合に便利である．ただし，野外では一般的に個体差や採取場所によるばらつきが大きいので，多数のサンプルをランダムに採取することや，データの統計処理に考慮して解析する必要がある．

（2）培地養分の減少量から求める方法

水耕栽培した植物が吸収した養分量を，水耕液における養分濃度の減少割合から求める方法である．茎葉部がついたままのインタクトな根または切断根を，一定濃度の養分を含む溶液に浸積して測定する場合が多い．この方法の利点は，養分の成分組成や濃度，pHなどの根をとりまく環境条件を自由に設定できることである．また，比較的短時間でも測定できるというメリットがある．すなわち，窒素などの多量養分は根による吸収が活発なため，水耕液中の養分の減少が早く，短時間でも吸収量を検出することができる．このことは逆に，水耕液の養分組成や濃度，pHが変化しやすいというデメリットにもなる．この点を改良した方法として，根を入れた測定容器に一定流量で常に新しい培養液を供給し，容器から出てくる溶液中の成分を，イオン電極を使って連続的にモニターするやり方がある（Bloom 1989）．この方法によって，長時間における養分吸収量を，定常状態で測定することが可能である．

（3）トレーサー法

自然界における存在量が非常に少ない同位元素（アイソトープ，isotope）をトレーサーとして利用し，その吸収量を調べる方法である．トレーサーとしては，放射性同位元素の^{32}Pや安定同位元素の^{15}Nなどが用いられる．土壌や水耕培地にこれらの同位元素でラベルした養分（^{32}Pで標識したリン酸，^{15}Nで標識した硝酸やアンモニアなど）を添加し，植物に吸収された同位元素を分析して養分吸収量を求める．放射性同位元素の場合はオートラジオグラフを作成し，吸収された養分の体内における分布を可視化することができる．検出感度が高く，短時間で精度の高い測定が可能であるため広く利用されている．また，放射性同位元素の^{13}Nは半減期が非常に短い（約10分）ので，同じ

個体に繰り返し供与することができ，同一個体を用いて処理の影響を追跡する場合に便利である．ただ，^{13}Nは運搬中に急速に活性が低下するので，サイクロトロンなどのアイソトープ製造設備の近くで実験を行う必要がある．

放射性同位元素の利用には種々の法的な規制が存在するので，野外での実験の自由度が制限される．また，放射性物質の安全な取扱いに注意が必要である．一方，安定同位元素は放射性をもたないので安全性が高く，現在では圃場をはじめ広く利用されている．^{15}Nで標識した硝酸，アンモニウム，尿素や，ワラなどが用いられ，効率的な施肥法の開発や，土壌中の窒素の動態と養分吸収との関係などが調べられている．

(4) 出液を利用した方法

植物の茎を根ぎわで切断すると，切断面から出液が認められる．この出液の大部分は木部からあふれ出した木部汁液（xylem sap）である．木部汁液は根が吸収して地上部へ輸送する物質を含んでいるので，出液に含まれる成分の組成や濃度を調べることにより，根の養分吸収に関する情報を得ることができる．出液の採取は比較的容易であり，野外や圃場に生育している植物を扱うのに便利である（森田・豊田 2000）．作物の栄養状態や耐塩性の解析，さらに，根が吸収した養分がどのように代謝されて茎葉部へ運搬されるかを調べることができる．たとえば，吸収された硝酸の何％が根の中で還元されてから茎葉部へ運ばれるのかといった情報が得られる．ただし，出液の成分や量は茎葉部を切り離した影響を受けるために，出液だけから根の養分吸収活性を定量的に評価することは今のところ困難である．しかし，ダイズなどの窒素固定植物では，出液に含まれるウレイドなどの特有の窒素化合物を調べることにより，窒素固定活性を評価することができる（大山 1998）．

3．吸収活性の測定と評価

(1) 1本の根における吸収活性

1本の根をみてみると，先端部に根端分裂組織があり，根の基部側ほど組織が古くなっている．このように，根軸に沿ったエイジの勾配があるため，1本の根における養分吸収の活性も部位によって異なっている．また，側根が発

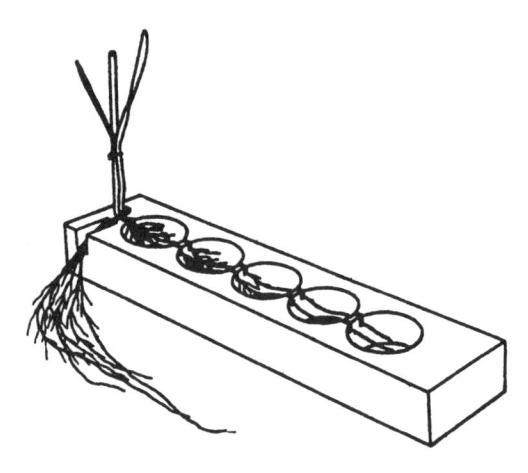

図5.1 コンパートメント法による根の部位別の養分吸収活性の測定（Shone and Wood, 1977を改変）

生すると，その状況はさらに複雑になる．

1本の根における吸収活性の測定に広く用いられる方法として，いくつかに仕切られた区画に根をいれ，特定の区画の培地に^{32}Pなどのトレーサーを加えてそこからの吸収を調べる，いわゆるコンパートメント法がある（図5.1, Shone and Wood 1977）．ここで，目的とする区画以外には，トレーサーを含まない同じ培養液が入れてある．仕切りの部分は，隣の区画と培養液が混じらないようにワセリンなどで封止する．この方法は，養分濃度や共存イオン成分などを自由に設定できるので便利である．しかし，封止部分が不完全な場合は測定が不正確となるので，封止のための素材を吟味し，他の区画への漏れの有無を，メチレンブルーなどの色素を用いてあらかじめチェックしておく必要がある．また，硝酸などの無機養分では，根軸からいったん吸収された後，かなりの割合が同じ根軸の他の部分から培地にリークする場合が知られている．したがって，この種の根軸からのリークの影響を可能な限り回避するために，トレーサーでラベルしていない区画の培養液を常に更新する必要がある．

母根の根軸の一部や特定の側根のみを対象としてトレーサーを与える場合は，区画のスリット幅を狭くする（3 mm前後）．このような方法でオオムギ（*Hordeum vulgare*）の種子根について調べられた結果を図5.2に示す（Clarkson *et al.* 1974, Clarkson and Sanderson 1978）．リンの吸収は根端から5 cmの部分でピークとなるが，基部においても吸収が活発である．アンモニアは根軸全体から吸収される．カルシウムと鉄は，根端から4 cmの部位で活発に

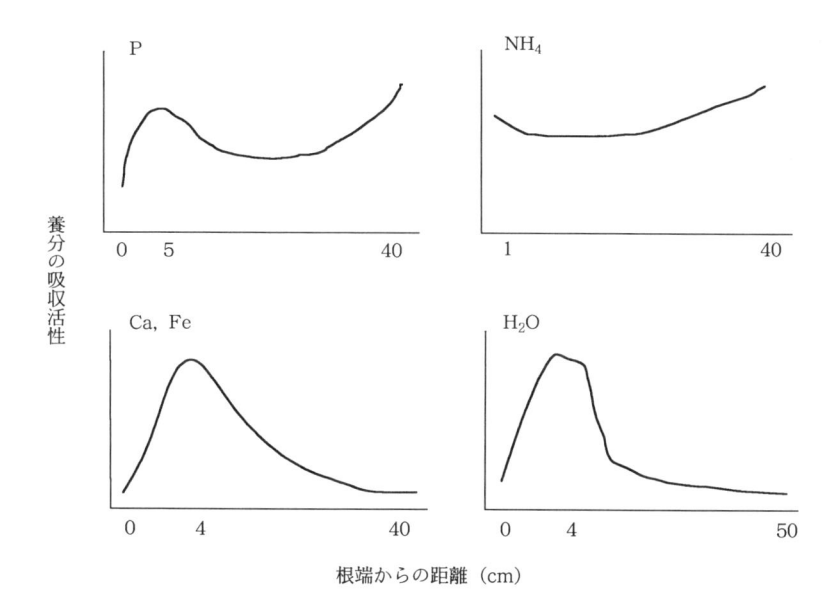

図 5.2　オオムギ種子根の根軸に沿った養分吸収活性の分布
(Clarkson et al., 1974 ; Clarkson and Sanderson, 1978 より作図)

吸収される．細胞分裂が盛んな根端では呼吸活性が高く，養分吸収活性も高いと一般に信じられているが，実際にはむしろ根端部では養分吸収活性が低く，やや基部寄りの成熟した部位で最も高くなる場合が多い．なお，これらの結果は，茎葉部をつけたままの種子根の根軸に沿って調べたイオンの吸収の様相で，側根の吸収活性は含まれていない．

(2) 根の新旧と吸収活性

イネ科植物では，生育とともに新しい節根が茎の基部から頂端部に向かって順次，規則的に出現する．この節根は，根の新旧別に活性を比較検討する材料として適している．水耕栽培したイネ (*Oryza sativa*) について，図 5.3 のように日にちをずらして根系全体を糸で緩くしばってゆく．新根は茎のより上部から発生し，伸長方向がより浅くなるので，しばられた糸の中には入らない．このようにして，節根の新旧を簡単に区別することができる．新旧を区別した節根を根分けして別々の容器に導き，片方の容器の培養液にトレーサーを入れて吸収させる．

第5章 養分吸収の測定と評価

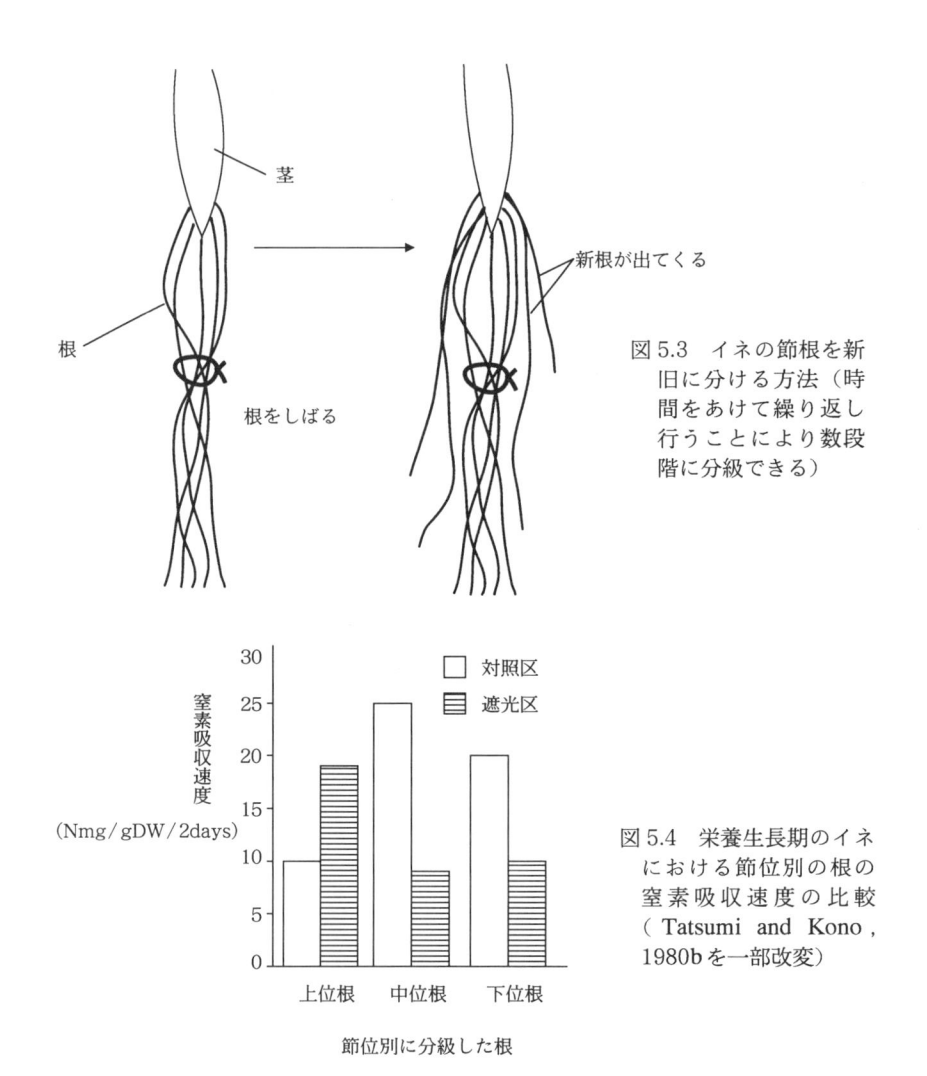

図5.3 イネの節根を新旧に分ける方法（時間をあけて繰り返し行うことにより数段階に分級できる）

図5.4 栄養生長期のイネにおける節位別の根の窒素吸収速度の比較（Tatsumi and Kono, 1980bを一部改変）

　このような方法で得られた結果を図5.4に示した（Tatsumi and Kono 1980b）．この実験では，節根を発根節位で上・中・下の3ランクに区分しており，上位の節根ほど若い根となる．アンモニア態窒素の吸収活性は上位根で最も低く，成熟した中位根で最大となり，下位根ではやや低下する．興味深いのは，このようなイネに遮光処理をほどこすと，中位・下位根の活性が低下す

るのに対して，上位根では逆に増加することである．新根は通常の状態では養分吸収の役割を成熟した根や古い根に任せているが，ストレスによって成熟した根や古い根の養分吸収力が低下すると，それを補うかたちで新根の吸収力が増加すると考えられる．同じような生育段階のイネを用いて切断根の窒素吸収を測定すると，新・旧の節根の間でみられた相補的な関係は消失する (Tatsumi and Kono 1980 a)．したがって，新旧の根の養分吸収活性を比較する場合，対象としているのがインタクトな根か切断根であるかに留意して，測定結果を解釈する必要がある．

(3) 土壌中からの養分吸収活性

圃場に生育している作物の根の活性分布を調べる方法として，土壌中の異なる深さにトレーサーを注入して一定期間後に吸収量を測定する，いわゆる根活力分布診断法がある．トレーサーとしては，放射性のリンが広く用いられている（渋谷・小山 1966）．しかし，日本では野外における放射性物質の使用に厳しい制限があるため，最近ではほとんど利用されていない．

放射性物質に代るものとして，天然にはわずかしか存在しない元素の一つであるユーロピウム（Eu）をトレーサーとして用いる方法がある（二見 1990）．Euは放射性が無く安全であるが，サンプルの測定にあたって実験用原子炉などの設備を利用した放射化分析を行う必要がある．必須元素ではないEuの吸収活性は，必須元素である窒素やリンと同じではないが，マクロ的には根の養分吸収活性をはじめとした根の活力を示すものと考えられている．

このほか，ルビジウム（Rb）をトレーサーとして用いる方法がある（伊森ら 1994）．Rbも，天然存在量が少ない．カリウムと化学的性質が似ているため，根による吸収や土壌中での挙動がカリウムと大きく異ならないと考えられている．また，Rbは原子吸光法で測定することができるため，Euよりも簡便に検出できる．また最近では，発光分光分析計や同位体質量分析計の普及にともなって安定同位体の^{15}Nをトレーサーとして用いる方法が広く行われるようになった．

土壌中にトレーサーを注入する方法は，土壌中から根を採取することなくフィールドにおける根の活性分布を調べることができるので便利である．し

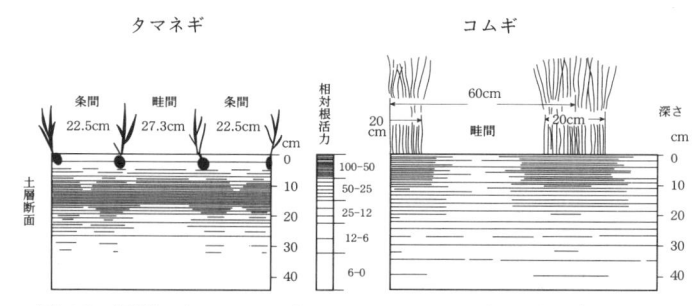

図 5.5　圃場におけるタマネギおよびコムギの根活力分布図の例

（渋谷・小山 1966 を一部改変）

かし，注入したトレーサーが土壌中を移動する可能性があるので，活性分布を解釈する場合はこの点に留意する必要がある．図 5.5 に ^{32}P をトレーサーとして用いて，タマネギ（*Allium cepa*）とコムギ（*Triticum aestivum*）の根の活力分布を調べた結果を示す．コムギの方がより下層から養分を吸収していることが分かる．

（4）根箱を利用した方法

薄い根箱に土壌を詰め，その中で生育させた根系を用いて部位による養分吸収活性を調べる方法がある（図 5.6）．根箱の片面のフタを開け，露出した根系の一部に ^{32}P トレーサーを含ませた寒天片（厚さ 2.1 mm，大きさ 21.5 × 3.5 mm）を張り付ける．乾燥を防ぐために全面にラップをかぶせた後，時間

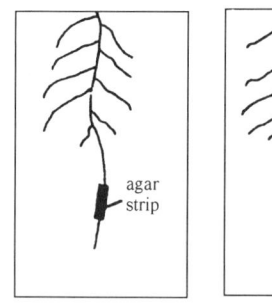

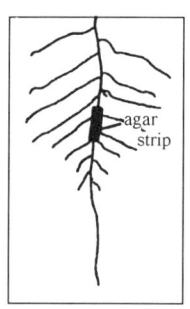

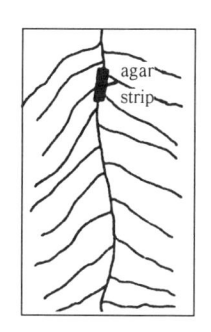

図 5.6　根箱を用いたトウモロコシ根の局所の養分吸収を測定する方法

（Ernst *et al.* 1989 を一部改変）

の経過に伴うトレーサーの吸収量を測定する (Ernst *et al.* 1989). 寒天片中に含まれる水と ^{32}P のほとんどが急速に周辺の土壌に移動するために，根は土壌から ^{32}P を吸収することになる．この方法の利点は，土壌中で生育している根をそのままの状態で扱える点にある．

巽　二郎（名古屋大学大学院生命農学研究科）

引用文献

Bloom, A. J. 1989. Torrey, J.G. and L. J. Winship eds. Applications of Continuous and Steady-State Methods to Root Biology. Kluwer, Netherlands. 147-163.
Clarkson, D. T. *et al.* 1974. A. R. C. Letcomb Lab. Ann. Rep. 1973 : 10-13.
Clarkson, D. T. and J. Sanderson 1978. Plant Physiol. 61 : 731-736.
Ernst, M. *et al.* 1989. Z. Pflanzenernahr. Bodenk. 152 : 21-25.
二見敬三 1990. 植物栄養実験法編集委員会編　植物栄養実験法. 博友社, 東京. 55-57.
伊森博志ら 1994. 福井県農試研究報告 31 : 53-63.
森田茂紀・豊田正範 2000. 日作紀 69 : 217-223.
大山卓爾 1998. 根の事典編集委員会編　根の事典. 朝倉書店, 東京. 404-407.
渋谷政夫・小山雄生 1966. 日本土壌肥料学雑誌 37 : 147-152.
Shone, M. G. T. and A. V. Wood 1977. J. Exp. Bot., 28 : 872-885.
Tatsumi, J. and Y. Kono 1980a. Jpn. J. Crop Sci. 49 : 66-74.
Tatsumi, J. and Y. Kono 1980b. Jpn. J. Crop Sci. 49 : 349-358.

第6章　生理活性の測定と評価

1．根の生理活性の指標

　根系の役割としては，植物体の支持や養水分の吸収のほか，サイトカイニン・アブシジン酸（ABA）などの生長調節物質（植物ホルモン）をはじめとする各種物質の合成などがあげられる．このうち，養水分吸収の一部分や物質の合成などは，呼吸エネルギーに依存する生理現象であり，根の生理的な活性に左右される．したがって，このような生理現象を測定することによって根の生理的な活性を評価しようという考え方から，以下のような指標が利用されてきた．

　呼吸速度：水中に根のサンプルを入れ，呼吸による溶存酸素濃度の低下を溶存酸素計あるいはO_2アップテスターで測定して呼吸速度（respiration rate）を推定する（本間 2002）．このほか，呼吸により水中に放出される炭酸を二酸化炭素に変えて赤外線分析装置で測定する方法や，バリウム化合物の水溶液で中和し滴定する方法があり，改良法が開発されている（山口 1996）．いずれも，結果はサンプルとして用いた根の単位乾物重当たりの呼吸速度として表す．

　酵素活性：畑作物の根では，コハク酸脱水素酵素の活性をトリフェニルテトラゾリウムクロライド（tetrazolium chloride, TTC）の還元量によって評価する（二見 1990, 1996）．また，TTC染色により，活性が高い部分を可視化することができる．根の酸化力が重要と考えられる水稲や沼沢植物の根の活性については，α-ナフチルアミン（α-naphthylamine）の酸化量で評価されるパーオキシダーゼ活性が適している（二見 1990, 1996）．

　このほか，^{32}Pなどの放射性同位体やルビジウム（Rb）などをトレーサー元素として，その吸収量から土壌各部の根の活性を評価する方法もある（二見 1990, 1996，第5章参照）．

　以上の方法は，それぞれに改良を加えられてきており，一層の普及が期待

される．しかし，一方で，必要な機材，安全性，労力の面での制約から現場で簡便に利用することが難しい側面があり，また，測定にあたって根を掘り出す必要があるため継続的な調査には適していない．さらに，酵素活性などで根の生理活性を評価した場合，根としての機能を失っていても酵素が失活していなければ，活性ありと判定されてしまう可能性を否定できない．

そこで，本章では，野外の現場において根系を掘り出さずに測定することが可能で，現時点ではおそらく最も簡便な評価法である出液速度の測定と，非破壊的に同一個体について継続してモニタリングできる生体電位の測定について解説する．

2．出液速度

（1）出液速度とは

出液あるいは溢液（bleeding；xylem sap exudation）とは，茎や葉の切り口から木部汁液（xylem sap）が出てくる現象であり，いわゆる「へちま水」はその典型である．これは古くから知られている現象であるが，細胞・分子レベルにおける出液の機構には不明な点が多い．しかし，大筋としては，根が呼吸エネルギーを用いてつくりだす水ポテンシャルの勾配によって「根圧」（root pressure）が生じ，土壌などの培地から水が吸収されて茎葉部に押し上げられるために出液が生じると考えられている．したがって，単位時間当たりの出液量，すなわち出液速度（bleeding sap rate；bleeding rate）が根の生理的活動の活発さの指標になりうる．

ちなみに，根からの吸水には，こうした根自身の生物学的エネルギーに依存する能動的吸水（active water absorption）のほかに，葉からの蒸散に伴い導管内に負圧が生じて，あたかもジュースがストローで吸い上げられるように水が引き上げられる受動的吸水（passive water absorption）がある（第4章参照）．イネ科作物の場合，晴天時の吸水はおよそ9割がこの受動的吸水によって占められているので，植物体の水収支を論じることが目的の場合には，まず蒸散速度の測定が必要となる．しかし，根圧による吸水の重要性も無視できない．水の不足，すなわち水ストレスが問題になる状況下では，蒸散によ

り低下した植物体内の水ポテンシャルが，夜間の根圧による吸水で回復する．土壌深層から吸い上げられた水が，土壌表層で根から漏れだして乾燥した土壌を潤すハイドローリック・リフト（hydraulic lift）の土壌生態学的重要性を主張する研究者もいる．

なお，個体当たりの出液速度には，個々の根の活性だけでなく，根量も関係する．ごく概念的な表現をするなら，「個体の出液速度」＝「個々の根の生理活性」×「根量」という視点でデータを考察する必要がある．根の長さや乾物重も測定できる場合は，単位根量当たりの出液速度も算出してみるとよい．また，化学分析や生物検定（バイオアッセイ）が併用できる場合には，出液の化学組成や植物ホルモンの活性の評価を併せて行ってもよい．近年では，出液中のタンパク質についても解析が試みられている（佐藤 2001）．

以下，水稲（*Oryza sativa*）およびトウモロコシ（*Zea mays*）についての調査経験をもとに，個体単位での根系の活力の指標として出液速度の測定法の概略を紹介するとともに，利用方法について解説する．

(2) 出液速度の測定

ここでは，森田・阿部（1999）の方法に準じて測定の手順を示す．

① 用意するもの：電子天秤（精度 1 mg = 0.001 g），油性ペン，脱脂綿，プラスチックフィルム（台所用のラップなど水を通さないもの），カッター（または鋭利な剪定バサミ），輪ゴム，ラベル，ビニール袋．

② 測定に先立ち，測定する個体（または株）の数だけ綿トラップを作成しておく．測定する植物に応じた大きさの綿のかたまりをつくり，1 mg の単位まで正確な重量を測定して，直ちにプラスチックフィルムでくるみ，輪ゴムでとめて照々坊主形のトラップを作成する．ラップの表面に油性ペンで番号などを書き，記録した綿重量が参照できるようにしておく．イネやトウモロコシでは，3～5 g 程度の綿を用いるが，幼植物では 300 mg～1 g 程度の小さな玉がよく，消毒用の綿玉などでも代用できる．できれば，予備実験で大まかな出液速度を測って適切な綿の大きさを検討しておくとよい．綿玉の量は，1時間当たりの出液量の半分は必要である．ビニール袋などに保管し，水で濡れて綿の重量が変わらないように取り扱いに注意する．

2. 出液速度　(51)

③ 測定する個体を決める．水稲の場合で各区5～10個体が適切である．畑作物では，土壌や植物のむらに応じて測定個体数を増やすことがある．イネなどの分げつがある植物では，地表面から10 cmほどのところをひもでくくって束ねる．

④ カッターまたは鋭利な剪定バサミを用い，地表（あるいは水面）から10～15 cmほどの高さのところで，茎（または葉鞘）を水平に切る．直ちに綿トラップの綿で切り口を覆い，ラップでくるんで茎ごと輪ゴムでとめる（図6.1）．トラップの上から軽く押して，切り口の全面が確実に綿と接触するようにする．個体ごとに，切断した時刻ととりつけた綿トラップの番号を記録しておく．

⑤ 各個体の切断時刻からちょうど1時間後に，綿トラップをとりはずし，綿の水分が蒸発で漏れないようにしっかり輪ゴムをとめてビニール袋に保管する．電子天秤のある部屋まで持ち帰ったら，ラップをはずして手際よく綿を秤量する．出液採取の前と後での綿重量の増加分を時間数（通常は1）で割って，各個体の出液速度（mg/h）とする．

図6.1　出液速度の測定
綿トラップをイネの切株にとりつけたところ．フィルムのてっぺんには，マジックで番号を書いておく．

⑥ 出液は天候・地温，時刻にも影響されるので，比較したい区の出液採取は，同一日の同じ時間帯に行うのが望ましい．また，出液速度には日変化がみられる．一般には午前中に最高値を示すが，植物種や栽培方法により，最高値の時刻や日較差などに違いがある．こうした日変化は，必ずしも地温だけでは説明がつかず，内生的な周期性があるものと考えられる．また，測定前の光条件の影響を受けることも知られている（岡本・森田 2000）．イネ科植物では，出液速度に緩やかな日変化があり午前中にピークとなるので（森田・阿部 2002），早朝から午前 10 時頃の時間帯に採取するとよい．なお，茎葉部を切除した同一個体を追跡調査したところ，比較的急速に出液速度が低下し，数時間後にはきわめて小さな値となったが，植物種によっては長時間出液を続けるものがある．いずれにせよ，調査対象とする植物の特性を把握したうえで，適切な時間帯に測定を行う．つる性の植物などのように出液速度が大きい植物では，綿に吸い取らず，切株にゴム管などをとりつけて採取瓶に誘導してもよい．出液がきわめて少ない場合や，調査株数が多く 1 時間後の回収が作業上困難な場合は，採取時間を長くする．その他，測定値のばらつきの原因と対策については山口ら（1995）・山口（1996）も参照されたい．

（3）出液速度の調査事例

図 6.2 は，小型ポットで栽培し，恒温水槽で地温を制御して測定したトウモロコシ幼植物の出液速度である．生育に伴い株当たりの根長が増加すると，それに比例して出液速度も増加するが，地温によりその勾配は異なる．出液速度は根の呼吸速度の影響を受けることから（山口ら 1995），この勾配の差異は温度の違いにより呼吸速度が異なっていたことが原因と考えられる．こうした地温の影響は，生育の進んだコムギ（小柳 1995）やメロン（森田・豊田 2000）でも報告されている．

実際の農家水田において，出液速度の大きい午前中に測定を行い，イネの生育に伴う出液速度の推移を検討したところ，中干し（midseason drainage）の期間中は一時的に低下したが，それを別にすれば，生育初期には個体の生育に伴って著しく増大し，以後出穂期まで漸増した（森田・阿部 2002）．これは新しい根の出現・伸長と古い根の老化の様相をよく反映した結果と考えら

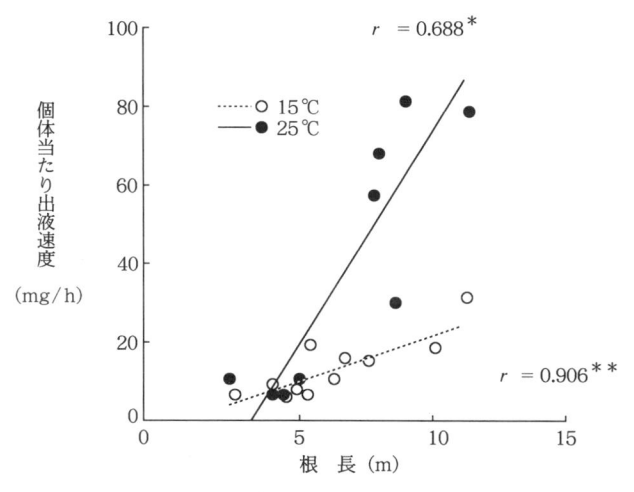

図6.2 温度別の根長と出液速度の相関図

れる．出穂以後は，穂の登熟に反比例して出液速度は急激に低下した．多収性品種や多収栽培においてこうした登熟期の根の活力低下に特徴がみられるかどうかは興味深い課題である．登熟期間中の下葉の褪色が緩やかなイネでは，出液速度の低下も緩やかであることが多く，出液中のサイトカイニン（cytokinin）活性も高いことが報告されている（折谷ら 1997）．

出液速度は根の呼吸速度や養分吸収量に，必ずしも単純に比例する訳ではない．根の各機能についての評価を行うのが目的であれば，それぞれの目的に応じた測定を行う必要がある．しかし，根系全体の活力を簡便に把握するためには，たいへん有用である．

3．生体電位

(1) 生体電位とは

生体の一部分に取り付けた電極から得られる電気信号の一つに生体電位（electric potential）がある．たとえば，動物では脳波や心電図を記録することによって，脳や心臓の状態を非破壊的・非侵襲的・リアルタイムにモニタリ

ングでき，電位変化として捉えられる臓器の活動性と，疾患や異常との関係がよく調べられているため，医療の現場における診断に利用されている．このように，生体電位は非破壊的にリアルタイムで，また継続して測定が可能であるという特徴を持つため，一度植えたらそのままの状態で生育する植物の生理状態のモニタリング，とくに地中にあるため目に見えない根の状態をモニタリングするのに有望な方法と考えられる．

植物の生体電位は，これまで細胞から個体に至る様々なレベルで測定が行われており，組織レベルにおいては根の生理現象と電位との関係を詳しく調べた報告もある（本間 1999）．しかし，野外の現場において個体レベルで生体電位を測定したという例は，これまでほとんどなかった．最近，岡本らは樹木の生体電位を簡便に測定する方法を考案し，カキ（*Diospyros kaki* cv. jiro）について年単位の長期にわたる計測を行い（Okamoto and Masaki 1999），生体電位と導管圧との関係を解析した結果から，生体電位と根の生理的活性との関係を示唆している（岡本・正木 2001）．また，本間・松岡（Homma and Matsuoka 2000）は岡本・正木の方法を用いて，茶園で問題となっている多量施肥による根の障害と生体電位との関係を検討するために，鉢植えしたチャ（*Camellia sinensis*）の生体電位を測定した．その結果，根が障害を受けると，電位はゼロの方向へ変化し，消失する傾向が認められ，生体電位を測定すれば根を掘り上げなくても根の生理的な状態を推定できる可能性が示された．なお，生体電位は，イオン環境などによって決まる拡散電位成分と，エネルギーを利用して能動的に発生する起電性電位成分からなるが（千田・岸本 1983），幼茶樹を利用した電位発生機構の解析や，圃場における成木茶樹の生体電位の長期連続計測などの結果から，茶樹生体電位でもこの両成分を複合したものを測定していると考えられる（本間 2001）．

（2）生体電位の測定

以下，茶樹を例にして，生体電位測定法の概略を解説する．測定部位，測定期間，関連した測定形質などによって，使用する電極，増幅器，記録計の種類や数，それらに付随するものが異なる．また，測定対象とする植物が異なる場合は，以下の方法がそのまま適用できるとは限らず，材料にあわせた

工夫をして頂きたい．

①**準備するもの**：電極（銀・塩化銀電極になっているガラス製の比較電極），増幅器（市販品は高価だが，必要な部品を購入して自作すれば安価にできる），レコーダー（チャンネル数はいろいろ．データロガーやパソコンを利用する記録方法もある），コード類，電解液（10 mMのKCl溶液：電極と植物体や地面とを接続する媒体で，液体を使って連絡することから液絡系と呼ばれる），素焼き筒（地面用），注射筒，シリコンチューブ，注射針（測定個体の大きさにより針の太さと長さを選択する）．

②**電極等のセッティング**：圃場の成木で生体電位を計測する場合は，まず幹に近い株張り内の土に素焼き筒を埋め，この中に10 mMのKClを満たし電極を浸して基準側とする．鉢植え茶樹の場合は鉢の土に同様に素焼き筒（サイズの小さいもの）を埋める．水耕栽培の場合は，水耕液に電極を直接浸せばよい．一方，注射筒にシリコンチューブ，さらにその先に注射針を付け，内部を全て10 mMのKClで満たした後，空気が入らないよう注意しながら注射針を地際に近い幹（茎）に刺入する．10 mMのKClに電極を浸すことによって，液絡を介してこの電極が茎内部の電位を測定することになる．なお圃場の成木の場合，注射筒は適当な枝に固定すると良い．また基準側の筒や電極に雨等がかからないよう，バケツのようなものを被せておく．両電極を増幅器に接続して電位測定を開始する．実際の測定風景を図6.3（圃場成木および鉢植え茶樹），測定の概略図を図6.4に示す．

③**実際の測定**：注射針刺入直後，電位は大きくマイナス側に触れた後，次第にプラス側に変化し，マイナス数十mVで安定する．この時の値は個体によって様々であるが，大体−40 mV前後であることが多い．この安定するまでの時間は個体によって様々であるが，早ければ2時間ほどで安定する．その後，目的に応じた電位測定およびその観察を行う．長期的に測定する場合，レコーダーの記録スピードを遅くした（たとえば1時間に1 cmあるいはそれ以下）方が，日変化などがわかりやすく，また根や土壌に対して行った処理の長期的な効果の観察にも適する．逆に一過性あるいは早い応答を見たい場合は，レコーダーの記録スピードを早くしないと応答が埋もれてしまい，わか

(56)　第6章　生理活性の測定と評価

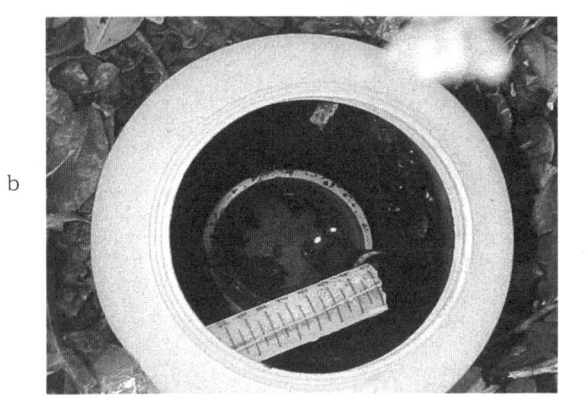

図6.3　生体電位の測定
a：圃場成木
b：圃場成木（基準電極側）
c：鉢植苗

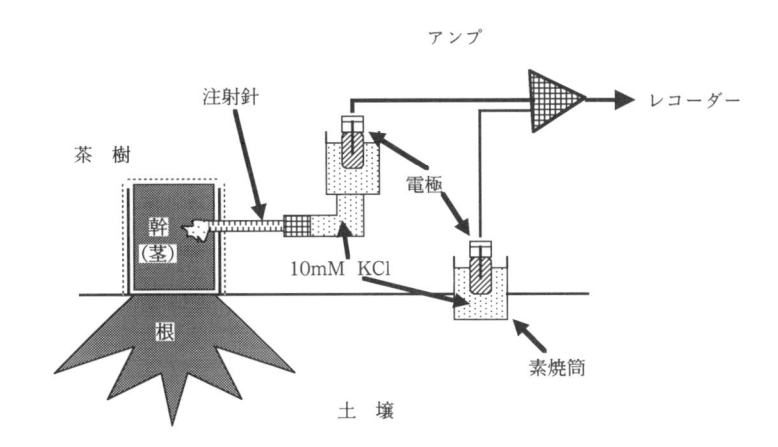

3. 生体電位　（57）

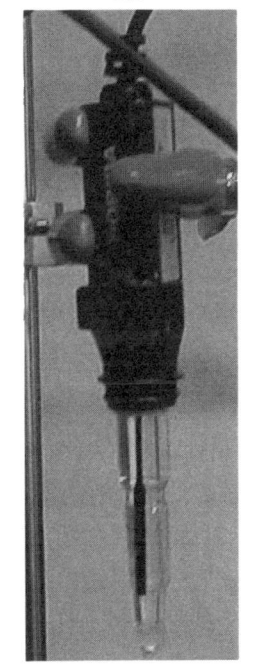

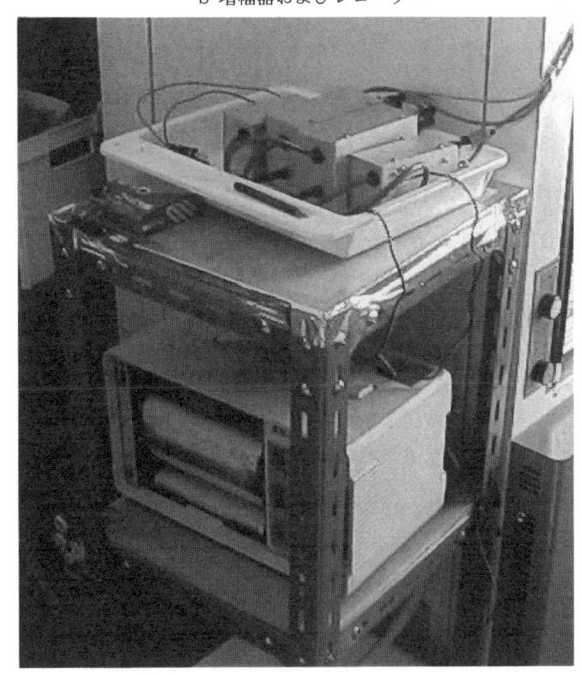

図6.4　生体電位測定の概略図

りにくくなる．野外で計測する場合，電極周囲には気を配り，異常がないか常に気を付けることが必要である．土に埋めた素焼き筒内のKCl溶液は少しずつ筒から土壌にしみだして減少するため，中に浸した電極がKCl溶液から浮いてしまうと電位測定が出来なくなるので，時々KCl溶液を補給するか，補給用のビンを取り付ける．

④**金属電極の場合**：上で紹介した液絡系による生体電位測定法は多少準備が煩雑であり，測定中のメンテナンスにも注意を必要とする．このほか，白金，銀，銅などの金属電極（金属線）を利用して生体電位を誘導する方法もある．この方法だと金属線を植物体に接触させるだけでよいので，液絡系に比べてはるかに容易であり，これまでにも多くの実験例が報告されている．ただし，金属電極を利用する場合は，金属と電解質溶液（植物組織）が接触する界面で分極が起こることが最大の問題であり，これが電位値にも大きな影響を与え，場合によっては数百mVを示すこともあるため，電位の絶対値をそのまま利用することは難しい．しかし，環境変化に対する電位変化パターンを大まかに調べるような定性的な傾向をつかむことが目的の場合は，金属電極の使用でも差し支えない．

（3）生体電位の測定事例

①**茶樹における事例**：図6.5に，圃場の成木茶樹で測定した電位の推移を一例として示した．測定前に根にストレスを与えた茶樹では，インタクトな茶樹の場合とは異なり，電位値がより0に近い値を示していたが，約1カ月後には両者における生体電位に差が認められなくなった．これは，おそらく新根が発生したためと考えられる．しかし，その後の電位の推移パターンが無処理区の場合と異なることから，硫安処理の根に対する影響が依然残っていると思われるが，詳細は不明である．また，地上部を切除して葉が残っていない状態でも，生体電位に大きな日変化が観察されたことから，測定している生体電位は根の生理的活性に起因していることが確認されている．

②**他植物における事例**：茶樹のような永年生植物の場合，一度植えると何十年にも渡って栽培を続けるため，植物体とくに根の状態を掘り取らずに知ることができれば，栽培管理上極めて有効である．先に紹介したような

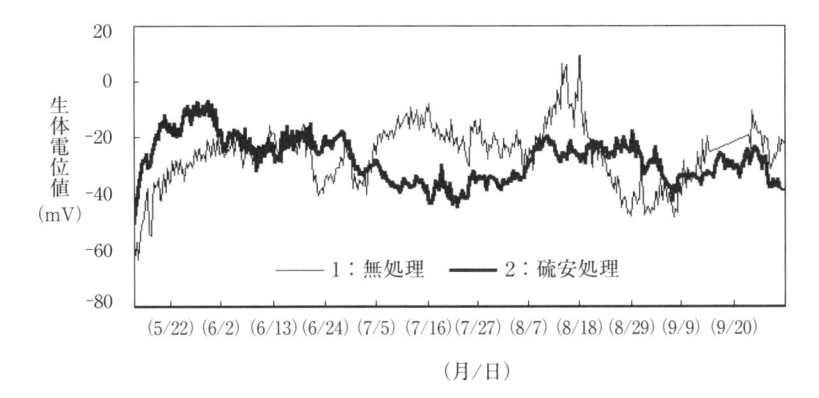

図6.5 圃場の成木茶樹における生体電位の推移例

'やぶきた'成木園において，2本の成木から同時に電位を測定した．測定は1998年5月14日より同年12月24日まで行った．測定開始に先立つ3月16日，硫安処理区には10％硫安溶液を両畝に4ℓ（片畝2ℓずつ）まいた．8月14日にも再度硫安処理を行っている．なお，測定期間中の茶園管理（農薬散布，整枝等）は通常通り行った．

結果から，生体電位が確かに根の生理状態を反映して変化していると考えられるが，具体的にどのような生理現象と関係しているかについては不明な点も多い．この点をよりクリアにすることが，さらに実用的な利用につながるため，他の植物において次のような試みも進められている．

他の植物において生体電位を測定する場合も，茶樹の場合と基本的に同じ方法が利用できる．しかし，草本植物の場合は樹木と違って茎が柔らかいため，風などで植物体が動くことで茎に刺した注射針が動いてしまう．また，生長に伴った変化を調べようとした場合，生長が早いために注射針が動いてしまう．そのため，電位が安定しないという問題が生じる場合もあるので，その場合には若干の工夫が必要である．

本章の前半では出液速度による根の生理活性の評価について解説されているが，出液速度と生体電位がよく似た日変化パターンを示すことから，両者の関係についてトウモロコシ（*Zea mays* cv. DK 789）で検討が進められている．すなわち，生体電位測定を行った個体の出液速度を測定し，出液速度を測定する直前の電位値との間で関係を調べてみると，両者には相関関係が認

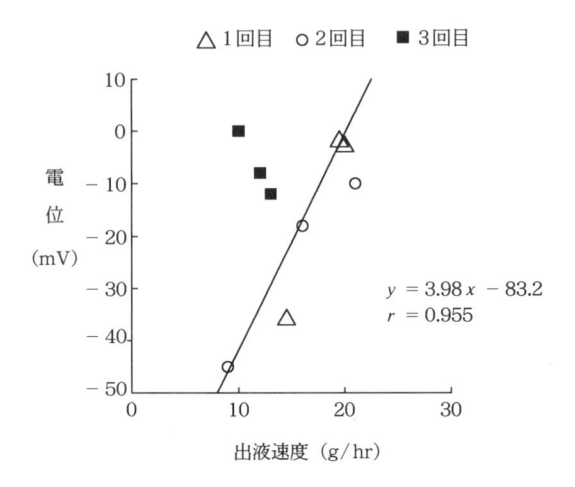

図 6.6 生体電位と出液速度との関係
3個体のトウモロコシから同時に生体電位を3日間測定後，各個体において出液速度を測定した．1回目，2回目は出穂前，3回目は出穂後での測定．

$y = 3.98x - 83.2$
$r = 0.955$

められた（本間ら 1999，森田ら 2000）（図 6.6）．しかし，生育時期によっては両者の間に相関関係が認められない場合もあり，両パラメータが同一の生理活性を示しているわけではない可能性もある．生体電位の基盤となっている生理現象については不明な点も少なくないが，生体電位の測定は，野外の現場において根の生理活性を非破壊に連続してモニタリングできる方法として期待されている．

阿部　淳（東京大学大学院農学生命科学研究科）
本間知夫（東京医科歯科大学難治疾患研究所）

引用文献

二見敬三 1990. 植物栄養実験法編集委員会編　植物栄養実験法. 博友社, 東京. 49-60.
二見敬三 1996. 農業および園芸 71：59-65.
本間知夫 1999. 農業および園芸 74：805-814.
本間知夫ら 1999. 根の研究 8：149.

Homma, T. and Matsuoka, H. 2000. Acta Hort. 517 : 49-57.
本間知夫 2001. 根の研究 10 : 81.
本間知夫 2002. ファイテク編集委員会編　ファイテク How to　みる・きく・はかる. 養賢堂, 東京. 88-89.
森田茂紀・阿部　淳 1999. 根の研究 8 : 117-119.
森田茂紀ら 2000. 根の研究 9 : 195.
森田茂紀・豊田正範 2000. 日本作物学会紀事 69 : 217-223.
森田茂紀・阿部　淳 2002. 日本作物学会紀事 71 : 383-388.
Okamoto, H. and Masaki, N. 1999. J. Plant Res. 112 : 123-130.
岡本美輪・森田茂紀 2000. 日本作物学会紀事 69（別1）: 134-135.
岡本　尚・正木伸之 2001. 根の研究 10 : 72.
折谷隆志ら 1997. 日本作物学会紀事 66（別1）: 216-217.
小柳敦史 1995. 根の研究 4 : 39-42.
佐藤　忍 2001. 農業および園芸 76 : 1311-1316.
千田　貢・岸本卯一郎 1983. 岡本尚ら編　植物電気生理研究法. 学会出版センター, 東京. 1-29.
山口武視ら 1995. 日本作物学会紀事 64 : 703-708.
山口武視 1996. 農業および園芸 71 : 830-834.

第7章 支持機能の測定と評価

1. 水稲の耐倒伏性と根の生育特性

　作物が倒伏すると収量が減少したり，品質が低下したりするため倒伏（lodging）に関しては多くの研究が行われている．水稲（*Oryza sativa*）の倒伏は出穂以降，登熟が進むに伴って起こるが，茎葉部に風雨などの外的要因が加わることと，根系の支持力とのバランスによって生じる．水稲の湛水直播栽培においては播種深度が浅いため，なびき型倒伏や挫折型倒伏に加えて，移植栽培では発生しないころび型倒伏が加わり，複雑な様相を呈する．これらの倒伏の中で，ころび型倒伏には根系を構成する冠根の形態がかかわっており，冠根の直径（root diameter）が大きいこと，下方向に伸長する冠根が多いこと，土壌深層における根量が多いことが，耐倒伏性が大きいことと関連していることが明らかにされている（芳賀ら1977, 滝田・櫛渕1983, 寺島ら1994）．このように，湛水直播栽培における耐倒伏性（lodging resistance）と根の生育特性との関係が明らかにされているため，作物の根系が茎葉部をどれくらいの力で支えているかを測定することが試みられてきた（表7.1）．この中で，押し倒し抵抗値を測定することで根の支持機能を評価しようという方法は，測定値が茎の物理的性質の影響を受けにくく，比較的簡便に測定できるため，耐倒伏性の評価の指標としてよく利用されている（山本ら1996）．また，幼苗の冠根直径を計測することも，測定時期と方法を特定すれば，耐倒伏性の評価指標として比較的有効である．

表7.1　植物の根の支持機能の簡易な測定・評価方法

作物	測定項目	提唱者
トウモロコシ	引き抜き抵抗（上方へ引っ張り上げた時の最大抵抗）	Penny（1981）
水稲	冠根の直径の計測（根が太いほどころび型倒伏に強い）	滝田・櫛渕（1983）
水稲	引き倒し抵抗（稲株を45℃まで引き倒す時の最大抵抗）	上村ら（1985）
水稲	押し倒し抵抗（稲株を45℃まで押し倒す時の最大抵抗）	上村ら（1985）

2. 水稲の押し倒し抵抗値の測定

　水稲の湛水直播栽培においては，根の支持力の指標とされている押し倒し抵抗値（pushing resistance，寺島ら 1992）と倒伏程度との間に有意な負の相関関係が認められ（図 7.1），押し倒し抵抗値が小さい品種は倒伏程度が大きく，反対に押し倒し抵抗値が大きい品種は倒伏程度が小さいことが明らかとなっている．また，異なる年度の押し倒し抵抗値の間にも有意な正の相関関係が認められ，押し倒し抵抗値は年次に関係なく，倒伏程度の品種間差を評価するための指標となることも分かっている（尾形 1997）．

　湛水直播栽培においてそれぞれの形質が倒伏に関与する度合を明らかにするために，形質を説明変数とした重回帰分析を行ったところ，押し倒し抵抗

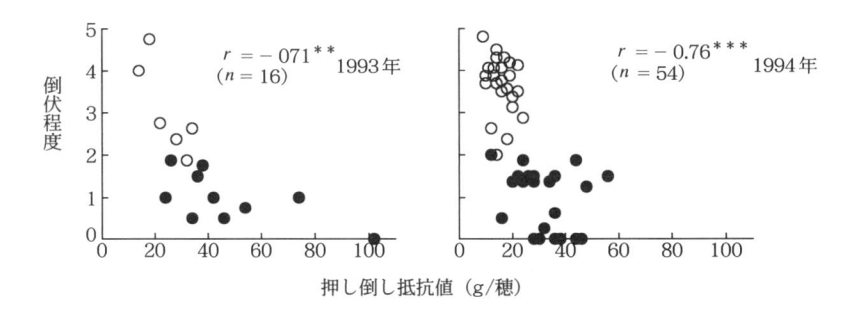

図 7.1　水稲湛水直播栽培における押し倒し抵抗値と倒伏程度との関係
○：ころび型倒伏が観察された品種，●：ころび型倒伏が観察されなかった品種．
倒伏程度：0（無），1（微），2（少），3（中），4（多），5（甚）の6段階表示．
と*は，それぞれ1％と0.1％水準で有意である．

表 7.2　倒伏程度に対する各倒伏関連形質の重回帰分析（1994年）

独立変数	標準偏回帰係数	偏相関係数	重相関係数
押し倒し抵抗値	−0.55***	−0.59***	0.81***
稈長	0.26*	0.35*	
稈の太さ	0.18	0.18	
稈の挫折重	−0.18	−0.21	
冠根の太さ	−0.21	−0.25	

*と***はそれぞれに5％，0.1％水準で有意であることを示す．（$n = 54$）

第7章　支持機能の測定と評価

値の標準偏回帰係数および偏相関係数が最も大きかった（表7.2）．このことは，押し倒し抵抗値が耐倒伏性に最も大きく寄与することを示しており，湛水直播用品種の育成および選定を行う場合，押し倒し抵抗値が耐倒伏性を評価する指標として有効であることが確認できた．

押し倒し抵抗値を測定するための倒伏試験器（図7.2，大起理化工業（株），DIK-7400）は，山中式土壌硬度計を参考にして上村ら（1985）が考案したも

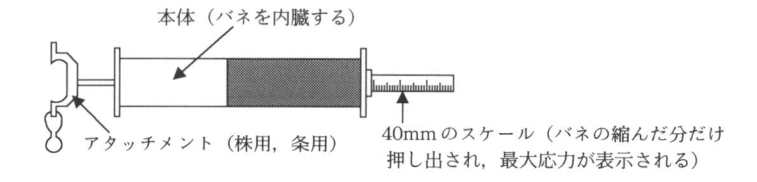

図7.2　市販の倒伏試験器

図7.3　押し倒し抵抗値の測定方法

上：稲株の地表面上から10 cmの高さの部位に倒伏試験器を直角にあてる．
下：稲株が90度（直立）から45度に傾くまで押し倒すのに要した応力を測定する．押し倒す時は，常に倒伏試験器を稲株に対して直角に保つ．

ので，抵抗の最大値が表示できるようになっている．この倒伏試験器を，土壌表面から10 cmの高さで稲株に直角に当てて，稲株が直立した状態（鉛直方向）から45度に傾くまで押し倒すのに要した抵抗値を測定する（図7.3）．

測定は出穂期から登熟初期にかけて行い，株当たり，1穂当たり，m²当たりの押し倒し抵抗値で表す．1穂当たり押し倒し抵抗値の調査標本数（尾形・松江1999）は，耐倒伏性がやや弱い品種において許容誤差を15 %とすると約8株，許容誤差が10 %の場合は約15株である（図7.4）．

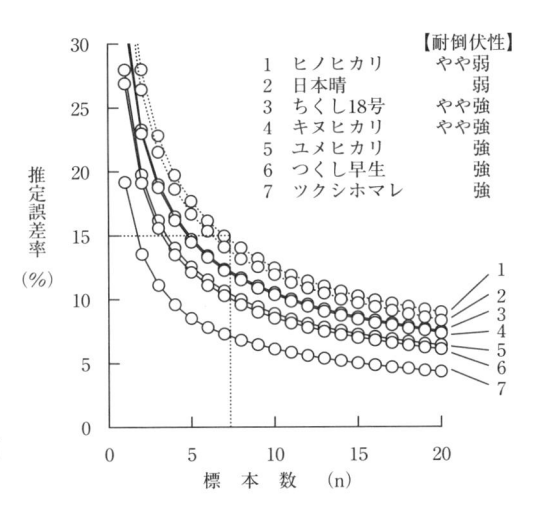

図7.4 水稲における押し倒し抵抗値を測定する場合の信頼水準95 %における推定誤差率

3．水稲苗の冠根直径の計測と評価

(1) 幼苗期と成熟期の冠根直径の関係

播種後75日における冠根の直径（root diameter）と成熟期の冠根直径との間に統計的に有意な正の相関が認められることから，播種後75日の苗を用いれば，耐倒伏性と密接に関連する成熟期の冠根直径の大きい品種や系統を選抜できる可能性がある（滝田・櫛渕1983）．しかし，実際の育種事業および品種選定の場面では，より効率的な早期選抜を行うために，さらに若い苗を用いて本田での耐倒伏性を評価することが期待される．

そこで，まず幼苗期の様々な生育段階における冠根直径について，出穂後15日ころの冠根直径との関係を検討した（図7.5）．播種後10日頃（葉齢：1.2～1.6）は，種子根のほか鞘葉節から3～5本の冠根が出現している時期で，冠根直径の品種間差が不明瞭であった．これに対して，播種後18日（葉齢：

第7章　支持機能の測定と評価

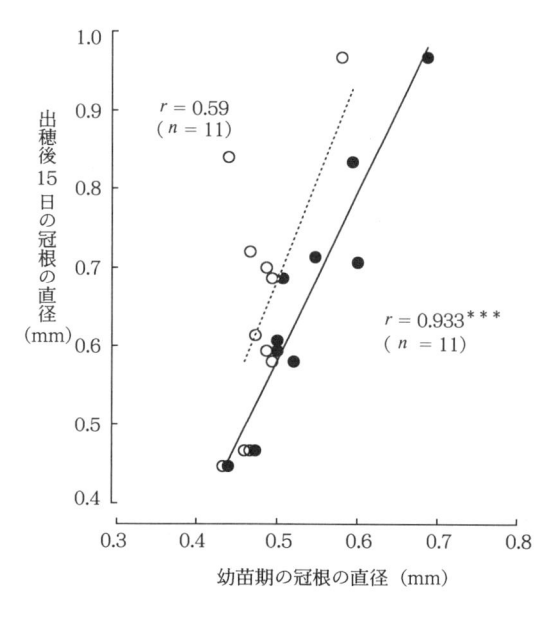

図7.5　幼苗期の冠根の直径と出穂後15日の冠根の直径との関係
○：播種後10日の冠根の直径，●：播種後18日の冠根の直径．
***は0.1％水準で有意である．

2.0〜2.9）の冠根直径と，出穂後15日頃の冠根直径との間には有意な相関関係が認められた．しかも，暖地において稚苗を得るための播種後20日の冠根直径は，中苗−成苗を得るための播種後30日（葉齢：4.5〜5.2）の冠根直径との間にも有意な相関関係が認められることから，播種後18〜20日以降であれば，出穂後15日頃の冠根直径の大小を判別できると考えられる．

そこで，幼苗期における生育時期別の冠根直径と耐倒伏性との関係を検討したところ，播種後18〜20日以降の冠根直径と倒伏程度との間には有意な負の相関関係が認められた．また，3カ年を通じて，コンバイン等による収穫作業に影響の少ない倒伏程度が2.0以上の耐倒伏性が劣る品種はすべて，播種後18〜20日以降の冠根直径が0.51 mmより細い品種に含まれていた．

以上のことから，幼苗期における播種後18〜20日（および30日）苗における冠根直径を測定すれば，従来よりさらに早い苗の段階で，湛水直播栽培における耐倒伏性の評価が可能であることが明らかとなった．

（2）苗の冠根直径に関与するQTLの推定

水稲の育種場面では一般的に集団育種法が用いられており，望ましい形質

3. 水稲苗の冠根直径の計測と評価

をもつ個体や系統が表現型によって選抜されている．実際の育種場面では形質の評価が，年次や栽培環境によって異なることがあり，選抜が左右されたりする場合がある．近年，作物，とくに水稲においてはDNAマーカー（DNA marker）による遺伝子地図の作成や有用形質の遺伝解析がめざましい発展をとげている．DNAマーカーを利用した育種においては，両親の優良形質（たとえば，ここでいう冠根の直径）に関与する遺伝子に連鎖するDNAマーカーを同定できた場合，その雑種後代に出現する有望個体はDNAマーカー遺伝子型に基づいて選抜することができる（矢野1996）．このDNAマーカーによる選抜は，水稲の生育段階に関わりなく，しかも環境に影響を受けることなく，有用形質の選抜が可能である．このDNAマーカーを指標にした選抜を行う場合，有用形質と密接に連鎖するDNAマーカーの同定が不可欠である．

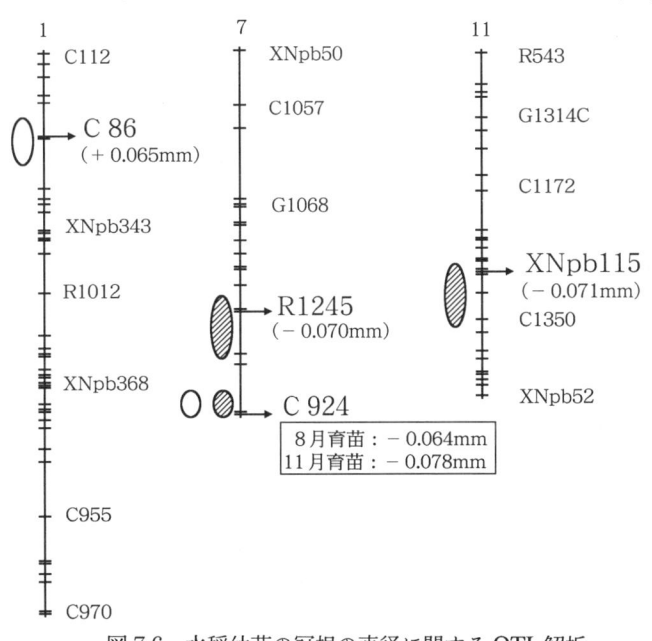

図7.6 水稲幼苗の冠根の直径に関するQTL解析
　○：8月育苗における苗の冠根の直径に関与する染色体領域．
　▨：11月育苗における苗の冠根の直径に関与する染色体領域．
　大文字のマーカーがその領域で最も影響の強いマーカー．
　（ ）内の数値は，冠根の太さの領域での作用効果を現す．

すなわち，関連性の高い染色体領域として量的形質の発現に関する量的形質遺伝子座（quantitative trait loci：QTL）の数や染色体上での位置を決定し，QTLの実態を詳細に解明していくことがDNAマーカー育種にとって必要である．

そこで，日本型品種あそみのりとインド型品種IR 24との交配から作出した組換え自殖系統（Tsunematsu et al. 1996）を用いて，冠根の直径に関する遺伝子解析を行った．これと同じ集団における375個のRFLPマーカーの分離データを基にして，耐ころび型倒伏に密接に関係する，水稲の幼苗期における冠根直径に係る遺伝子座の染色体領域の推定を行った．その結果，12本の染色体の中で，染色体7のC924の領域が冠根の直径に関与することが強く示唆された（図7.6）．この領域はIR 24型を示すものが，冠根の直径を太くする方向に働いた．今後は，この染色体領域に関する詳細な近似同質遺伝子系統の育成を行い，冠根の直径に関するQTLの存在を実証して，今後のDNAマーカー育種のための技術を確立する必要がある．

尾形武文（福岡県農業総合試験場農産部）

引用文献

芳賀光司ら 1977. 愛知農総試研報 A9：13-23.
尾形武文 1997. 福岡農総試特別報告 11：1-80.
尾形武文・松江勇次 1999. 福岡農総試研報 18：5-7.
Penny, L. H. 1981. Crop Sci. 21：237-240.
滝田　正・櫛渕欽也 1983. 農研センター研報 1：1-8.
寺島一男ら 1992. 日作紀 61：380-387.
寺島一男ら 1994. 日作紀 63：34-41.
Tsunematsu, H. et al. 1996. Breed. Sci. 46：279-284.
山本隆一ら編 1996. イネ育種マニュアル. 養賢堂, 東京.
矢野昌裕 1996. 農業技術 51：385-389.
上村幸正ら 1985. 日作四国支部紀事 22：25-31.

第3部　根系形成の遺伝的な制御

第8章　遺伝的変異と環境変異

　作物が示す表現型は，遺伝的変異（genetic variation）と環境変異（environmental variation）とによって生じたものである．高等植物のゲノムには膨大な量の遺伝子が含まれ，それぞれの遺伝子が一つずつの情報を担っている．この情報が互いに組み合わさり，また周囲の環境との相互作用の結果として，固有の表現型が現われることになる．これは茎葉部だけでなく，根系についてもいえることであるが，根系形態の遺伝的変異や環境変異に関する知見は必ずしも多くない．

1．イネの根系形態における遺伝的変異

(1) 根系開度と冠根直径の遺伝

　土壌中における水稲（*Oryza sativa*）の根系の広がりを示す根系開度（spreading angle of root system）には，品種間差異が認められる．たとえば農林3号では，株の基部を頂点とする小さな頂角の円錐状領域内に冠根が密に分布する．これに対して，陸羽132号は，頂角が大きい円錐状の領域内に冠根が疎に分布している．このように根系開度が対照的な農林3号と陸羽132号とを交配して後代検定を行った結果，根系開度は1遺伝子によって支配されている可能性が示唆された（Kujira 1992）．

　根系開度の大小は，根系を構成している個々の冠根の伸長方向によって規定される．多くの日本品種（北海道の品種や短銀坊主を除く）における冠根は，中心柱の直径が小さく（寺島ら 1990），外国イネと比較して浅根性を示す．中心柱の断面積の大きい品種ほど深根性を，また，小さい品種ほど反対に浅根性を示すことがわかっている（寺島ら 1986）．多くの日本稲は，世界的

第8章　遺伝的変異と環境変異

にみて冠根の中心柱が小さいグループに属し，多くの冠根が土壌表層に分布している（寺島ら1986, 1990）．冠根の断面積と中心柱面積との間には正の相関関係が認められるので，実際には冠根の直径（root diameter）に着目して選抜を行えばよい．

(2) 根系形態に係る形質の遺伝

　水稲の草丈は遺伝子の作用によって制御されている．そこで，草丈の決定にかかわる1個の半矮性遺伝子（semidwarf gene）だけが異なるカルロースとカルロース76，フジミノリとレイメイ，および同一遺伝子座に半矮性遺伝子を持つ低脚烏尖やIR 8などの品種を用いて，半矮性遺伝子が根系開度に及ぼす影響について検討した．その結果，草型を制御している半矮性遺伝子は，根系開度に影響を及ぼさなかった（表8.1，鯨1991 a）．このことから，根系開度を支配している遺伝子は半矮性遺伝子ではなく，これとは別に存在すると考えられる．なお，半矮性遺伝子をもつイネでは，草丈と根長や根重との間に，有意な正の相関関係が認められる．茎数と根数や根端の直径との間には，負の相関関係が認められる．また，根が長いことと根数が多いことは，優性遺伝子によって支配されている．これに対して，根の直径（root diameter）は劣性遺伝子によって支配されているが，根の直径に関しては，その他にもいくつかの優性遺伝子が関連していると考えられる．この場合，狭義の遺伝率は最大根長で60％，根端の直径で62％と比較的大きいのに対し，根数では44％と小さい．一方，最大根長，根端直径，茎葉部重/根重比（S/R比），および根数の4項目に対する広義の遺伝率は83～92％と，非常に高い値を示す

表8.1　遺伝子型を異にする水稲品種の根系生育

品種名	根系開度（°）	根数（本）	根乾物重（mg）	草丈（cm）	茎数（本/株）
藤坂5号	58.29 ± 2.52	25.74 ± 2.01	56.67 ± 5.18	19.60 ± 1.01	1.0
フジミノリ	81.74 ± 2.68	30.00 ± 1.40	72.33 ± 7.21	23.62 ± 1.00	1.05 ± 0.05
レイメイ	73.38 ± 2.43	32.18 ± 1.69	89.90 ± 9.12	24.06 ± 0.99	1.08 ± 0.08
低脚烏尖	105.84 ± 3.89	38.11 ± 1.28	96.00 ± 5.57	26.44 ± 0.58	3.83 ± 0.12
Blue Bonnet	58.67 ± 3.11	18.30 ± 0.82	74.40 ± 7.95	23.41 ± 1.30	1.00

平均値±標準誤差

（Armenta-Sota *et al.* 1983）．その他，根系の形態や機能に係る形質で品種間差異が大きいものとしては，深根比（茎葉部重に対する土壌中 30 cm 以下に分布する根の重量比），根の引抜き抵抗力，土壌への貫入抵抗力などがある．

（3）遺伝的背景の違いと根系形態

水稲の根系形態には品種間差異が認められる．改良品種に対して赤米や香り米は古い品種に属するものが多く，長稈の草型を示すものが多い．たとえば，赤米品種のメラゴメは，根量が少なく深層に分布する根の量が少ない．また，唐干では多くの冠根が横方向に伸長しており，根系は浅根性で横に開張している．これに対して，Surjamukhi では直下方向に伸長している冠根が多く，深層まで達しているものが認められた．香り米品種の場合，カバシコ，ジャコウイネおよび Della では根系があまり発達せず，比較的貧弱である．ユノヒラ，祝賀およびネズミ米は比較的細い根が下方向に伸長する根系を持っており，一季穀，ヒエリは土壌中の広い範囲に多くの根を伸ばしており，とくに直下方向へ伸長している根が多い傾向が認められた（図 8.1，鯨 1991b）．

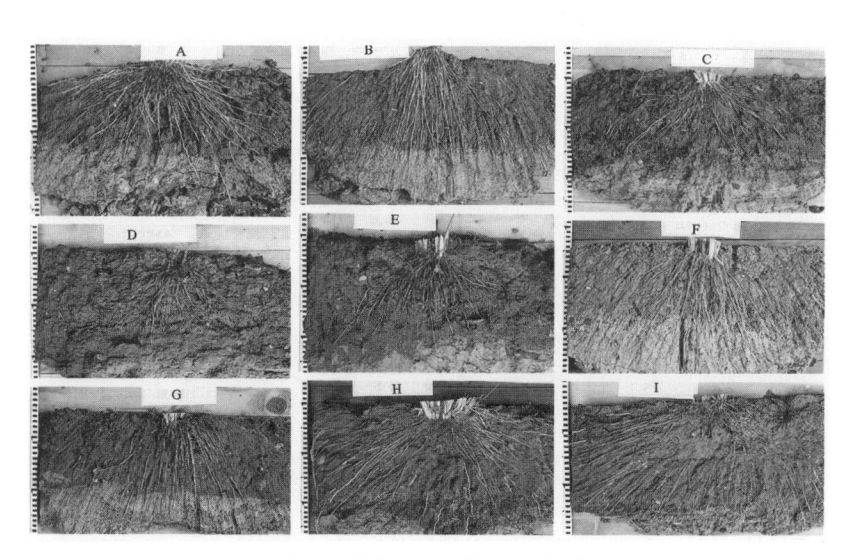

図 8.1 赤米および香り米の根系
A：唐干，B：surjamukhi，C：カバシコ，D：ジャコウイネ，E：Della，F：ユノヒラ，G：祝賀，H：一季穀，I：ヒエリ．

水稲 F_1 品種では，根系形態に雑種強勢（heterosis）が認められるとの指摘がある（王　未発表）．極晩生品種である F_1 品種の MH 2003 および MH 2005 を慣行移植栽培および乾田不耕起直播栽培したところ，根系は旺盛な生育を示した（鯨ら 1999 b, 2000）．また，根の生理活性の指標として出液（第 6 章）中に含まれるサイトカイニン（cytokinin, t-ZR）含有量を測定した結果，コシヒカリより多いことが明らかとなった．このことから，F_1 品種は根系の活力も高いと考えられる（鯨ら 2001）．

2．コムギの根系形態における品種間差異

（1）半矮性遺伝子と根系形態

水分供給が制限される環境条件下では根の深さが重要な形質であり，浅根性の品種は乾燥条件下で生存することが難しいことが多い．コムギ（*Triticum aestivum*）では，草丈と根長，あるいは茎葉部重と根重との間に密接な関係が認められている．また，現在普及しているコムギ品種のほとんどは農林 10 号のもつ半矮性遺伝子を持っている．これまでに半矮性遺伝子（semidwarf gene）を持った多くの優良品種が育成されているので，根系形態と半矮性遺伝子との関係についてみてみよう．半矮性遺伝子の一つである *Rht1* を持つ品種では，長稈品種と比べて根の乾物重が 20 % まで減少し，*Rht2* と *Rht3* の 2 個の半矮性遺伝子を持った品種では 40 % まで根の乾物重が減少するとの報告があるが，矮性品種の方が大きな根系を持つという報告もある．このように半矮性遺伝子を持つ品種どうしでありながら根量が異なったのは，実は *rht* 遺伝子が存在するかどうかとは関係なく，他の形質に着目して品種を育成する過程で，それぞれの根の生育特性が付随して選抜された結果と考えられる．一般に，半矮性品種では種子根が深くまで達する．乾燥に耐えるためには，土壌深くまで根を伸長させることが必要となる．半矮性遺伝子を 2 個もった品種（Kalyan Sona）と 3 個もった品種について，土壌深層（24〜32 cm）に分布する根量の割合を比較すると，前者では全根量の 13 % であるのに対し，後者は 19 % であった（Gupta and Virmani 1973）．Kalyan Sona の根系は分枝性に優れ，横方向に側根を伸長させる能力が高かった．半矮性遺伝子を持って

いることは根系全体としての根量の多少には直接関係はなく，種子根が深くまで到達するかどうかにかかわっていると考えることができる．

（2）根系形態に係る形質の遺伝

根系形態に係る形質として，種子根および節根の数，根重，根長密度，最大根長，貫入抵抗力などに遺伝的変異が認められる．たとえば，深く根を張る品種は乾燥に対して耐性があり，横方向に根を張らない品種は密植栽培に適している．根系開度が大きい品種は倒伏抵抗性に優れている．また，種子根が多い品種の場合，土壌深くまで種子根を到達させるには，比根長（第3章）が大きい，すなわち単位根長当たりの根重が小さい方が望ましいという考え方があり，この仮説は種子重と種子根数との関連で検討されている．

3. 根系生育に及ぼす環境変異

水稲の根系形成は，栽培管理の違いによって大きく変化する．たとえば，化学肥料を用いて慣行移植栽培した場合に比較して，有機資材を連続施用して栽培すると冠根の生育が促進される（第12章）．また，透水性が高い水田では，直下層に分布する冠根数の割合が多くなり，側根を多く分枝した冠根が小さな根域に密に分布する（川田ら1969）．常時湛水管理を行うと，透水性の高い圃場や中干しを行った水田より，下層に分布する冠根数は少なくなることも知られている（川田・片野1977）．

（1）土壌硬度と根系形態

根系を構成する個々の根は，伸長帯部分の直径よりも小さな孔隙を通って伸びることができない．また，土壌が硬いと根の伸長は抑制され，ある硬さ以上になると根は伸長できなくなる．その限界値をかさ密度で示すと，粘土の場合1.46，砂土の場合1.75という報告（Veihmeyer and Hendrickson. 1948）がある．なお，土壌硬度の影響で根の伸長が阻害される場合，皮層細胞が横断面方向に拡大して直径が大きくなることが多い．圧縮した硬い土壌に異なる形状の作溝を作りコムギ（*Triticum aestivum*）を栽培したところ，幼植物の根系形成に有意な差が認められた（鯨ら1999b）．すなわち，V字型の作溝よりもU字型やL字型の方が根系の生育が促進された．土壌硬度に適応

性を示す品種をスクリーニングしたり，それらの品種のもつ遺伝的背景を解析するだけでなく，実際の栽培現場における農業機械の改良も含めた総合的な研究が，今後ますます必要である．

（2） 条抜き栽培と根系形態

条抜き栽培は，数条（4～6条）ごとに1条あけて水稲株を移植する栽培法である．連続して移植されている内部の条と，条をあけた部分に接する外側の条とでは，茎葉部および根系の占有度合に違いがある．すなわち，有機資材を用いて条抜き栽培を行ったコシヒカリの根系生育を，条の位置の違いに着目して調査したところ，根系の分布できる土壌空間の大小に違いがあるにもかかわらず，条の内側と外側で根域の大きさに有意な差は認められなかった（鯨ら 1999 a）．茎葉部の生育は外側の条で優れていたことから，茎葉部空間における群落の生産構造の方が根系生育よりも相対的に優位に影響しているものと考えられる．

（3） 不耕起栽培と根系生育

従来，慣行的に行われてきた耕起栽培を長期間継続すると，土壌浸食が深刻な問題となる可能性がある．そのため，防止策の一つとして，作物の不耕起栽培（nontillage cultivation）の導入が進められている．この場合，輪作体系下における不耕起栽培としての位置付けが重要となる．オーストラリアでは，牧草地の跡作としてコムギ（*Triticum aestivum*）の不耕起栽培が積極的に進められているが，コムギの不耕起栽培で安定した収量と品質を維持するためには，土壌が硬いことによって根系の生育が抑制されることや，前作の牧草地に由来する土壌微生物によって病害を受けることなどを解決する必要がある．土壌密度を一定にした圧縮土壌条件下でコムギを栽培し，幼植物の生育を調査した．標準的な土壌硬度条件に比較して，土壌が硬いとコムギの生育は抑制されたが，根系生育には品種によって明らかな差異が認められた．同質遺伝子系統（isogenic line）を含めた品種について検討した結果，半矮性遺伝子を持つ KCD 1 および KCD 2 の根長と根重は，硬い土壌で減少したが，半矮性遺伝子を持たないが，大きな胚を持つ品種の KCD 0（長稈品種）や Jing Hong では根の生育抑制は少なかった．また，胚が小さい品種である Y

50Eの根系は，硬い土壌でも生育がほとんど抑制されなかった．硬い土壌でY50Eの最大根長は短くなったが，側根を多く発生させることで根長と根重が補償的に維持されていることから，硬い土壌条件下への適応性に優れていると考えられる（Kujira *et al.* 1996）．また，牧草地由来の土壌微生物による被害を回避するには，輪作体系の中にアブラナ科植物を導入することが有効である（Kirkegaard *et al.* 1994）．

鯨　幸夫（金沢大学教育学部）

引用文献

Armenta-Sota J. *et al.* 1983. SABRAO J. 15 : 103-116.
Gupta A. P. and S. M. Virmani 1973. Ind. J. Agric. Sci. 43 : 971-973.
川田信一郎ら 1969. 日作紀 38 : 434-441.
川田信一郎・片野　学 1977. 日作紀 46 : 543-557.
Kirkegaard J. A. *et al.* 1994. Aust. J. Agric. Res. 45 : 529-555.
鯨　幸夫 1991a. 北陸作物学会報 26 : 31-34.
鯨　幸夫 1991b. 北陸作物学会報 26 : 35-38.
Kujira Y. 1992. Abstracts of 1st ICSC. Ames, U. S. A. 72.
Kujira Y. *et al.* 1996. Crop Research in Asia : Achievements and Perspective. 666-667.
鯨　幸夫ら 1999a. 根の研究 8 : 54.
鯨　幸夫ら 1999b. 日作紀 68（別2）: 8-9.
鯨　幸夫ら 2000. 日作紀 69（別2）: 18-19.
鯨　幸夫ら 2001. 北陸作物学会報 36 : 53-56.
寺島一男ら 1986. 日作紀 55（別2）: 233-234.
寺島一男ら 1990. 日作紀 59（別1）: 258-259.
Veihmeyer, F. J. and A. H. Hendrickson 1948. Soil Sci. 65 : 487-493.

第9章 根の発育遺伝学

1. 根系形成における根の伸長性

　根は茎葉部の支持，養水分の吸収，植物ホルモンの合成，養分の貯蔵などの様々な機能を持つ重要な器官である．根の生育は，茎葉部の生育や収量形成と密接な関係を持っているため，根の形態形成に関する遺伝的知見は，根系を構成している個々の根（個根）の機能や，ひいては根系全体の機能を改良するために有益な情報となる．根系形成は個根の生育が有機的に積み重なったものであるが，個根の形態は伸長性と密接に関係している．根の伸長は，根端における細胞分裂および細胞伸長の結果であり，分裂帯から送り出された細胞は，その基部側に続く伸長帯でその長さと幅を拡大する．したがって，根の伸長は分裂組織の形成過程，細胞分裂の頻度，細胞伸長の方向・速度によって規定されており，植物ホルモンや環境条件によって制御されている．そこで本章では，根の形態形成，伸長の基礎となる細胞分裂と細胞伸長，それに対する植物ホルモンの影響などに関する研究を紹介しながら，根の伸長性に関する遺伝機構について解説する．

2. シロイヌナズナの胚発生と幼根形成

　本章では，モデル植物であるシロイヌナズナ（*Arabidopsis thaliana*）で得られている突然変異体を利用した発育遺伝学的な研究を中心にみていくことになるので，その前にシロイヌナズナの特徴と胚発生について簡単にみておこう．シロイヌナズナはアブラナ科の小型の雑草で，根の構造も非常に簡単である．すなわち，表皮，皮層，内皮および内鞘はいずれも単一の細胞層からなり，しかも皮層と内皮は8個の細胞から構成されることが遺伝的に決まっている（図9.1, Dolan *et al.* 1993）．また，根は透明であるため，組織観察も容易である．さらに，短期間で栽培や採種が可能であることは遺伝学的な研究の材料として適している．すでに分子遺伝学的な解析手法も確立しており，

2. シロイヌナズナの胚発生と幼根形成

世界的な情報のネットワークが存在する．このような理由から，シロイヌナズナは形態形成研究におけるモデル植物となっており，数多くの突然変異体が単離されて研究に利用されている．

シロイヌナズナの胚発生（embryogenesis）を簡単にみてみると，接合子（受精卵）が非対称分裂して頂端細胞と基部細胞が形成される．その後も細胞分裂を繰り返し，8分体期，原表皮期を経て，ハート型胚となる（図9.2）．その過程で，頂端細胞からは子葉原基および茎頂分裂組織下位細胞が，基部細胞からは原根層および胚柄がそれぞれ生じてくる．一方，根端分裂組織は静止中心，その基部側の基部始原体，端頂側の末端始原体から構成され，基部始原体からは表皮，皮層，内皮，内鞘および維管束が，末端始原体からは根冠がそれぞれ形成される．また，根端分裂組織ではハート型胚になる頃から活発な細胞分裂が始まり，やがて幼根が完成する（Laux and Jurgens 1997）．

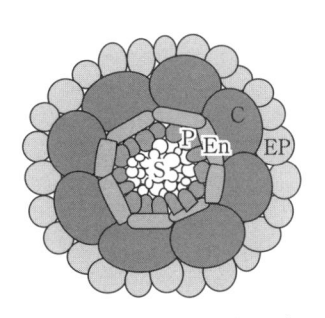

図9.1　シロイヌナズナの根の横断面
EP：表皮，C：皮層，En：内皮，P：内鞘，S：中心柱．

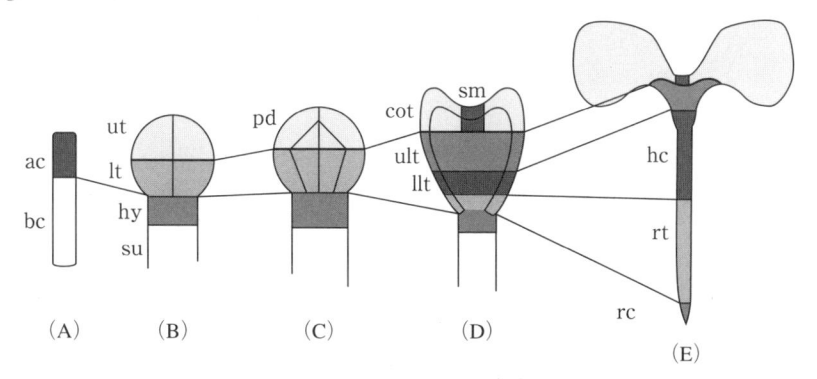

図9.2　シロイヌナズナの胚発生過程

(A) 2細胞段階　ac：頂端細胞，bc：基部細胞，(B) 8分体段階　ut：上位細胞，lt：下位細胞，hy：原根層，su：胚柄，(C) 原表皮段階　pd：原表皮，(D) ハート型胚　cot：子葉原基，sm：茎頂分裂組織，ult：上－下位細胞，llt：下－下位細胞，(E) 幼植物　hc：胚軸，rt：根，rc：根冠．

3. 幼根の形態と生育に関する突然変異体

(1) 幼根の形成に関する突然変異体

シロイヌナズナでは，幼根（radicle）の形態にかかわる遺伝子がいくつか同定されている．無根突然変異体（*emb 30* および *gnom*）では，接合子形成直後の細胞分裂が異常になり，8分体期および原根層の形成が阻害される（Mayer *et al.* 1993, Shevell *et al.* 1994）．突然変異体 *hobbit* では，原根層が正常に形成されず，細胞分裂も阻害される．その結果，幼植物の根端で分裂組織の活性が低くなり，根が極端に短くなる（Willemsen *et al.* 1998）．一方，短根突然変異体 *hyd1* では，8分体期までは正常であるが，原表皮が形成されず，幼根も形成されない．*HYD1* の遺伝子産物が，細胞伸長に重要な役割を果たしていると考えられている（Topping *et al.* 1997）．短根の突然変異体 *wol, glm, pic, ser, shr* および *fs* では，幼根の分裂組織における細胞分裂は正常であったが，中心柱に異常な放射状組織が観察された．また，*fs* では細胞層の数や細胞層内の細胞数が，*wol* および *glm* では維管束の数と形などが，それぞれ異常である．*shr*, *pic* (Scheres *et al.* 1995)，*scr* (Laurenzio *et al.* 1996) では，内皮あるいは皮層が欠損している．*shr* では，表皮および中心柱の一部がなく，分裂帯も消失している（Benfey *et al.* 1993）．

(2) 幼根の生育に関する突然変異体

種子の発芽は吸水から始まり，その後，根端分裂組織（root apical meristem）の活動が活発になる．この根端分裂組織から新しい細胞が生み出され，それが伸長帯に送り出され，根の伸長が起こる．突然変異体 *RML1* および *RML2* では幼根は正常であるが，発芽直後から根端分裂組織の活動が低下し，ほとんど分裂しなくなった（Cheng *et al.* 1995）．そのため，*RML1* および *RML2* の幼植物では根端分裂組織がなくなり，根の伸長が大きく抑制された結果，野生型の3％の根長となった．一方，茎頂分裂組織における細胞分裂は正常であったことから，*RML1* および *RML2* は，根端分裂組織における細胞分裂を特異的に制御していると考えられる．さらに，グルタチオン合成系の第1段階をコードしている *RML1* およびその対立遺伝子 *CAD2* は細胞

周期 (cell cycle), とくに G_1 期から S 期への転換を阻害しているらしい (Cobbett et al. 1998, Vernoux et al. 2000). したがって, 分裂組織における細胞分裂の継続には, グルタチオンが大きな役割を果たしていると考えられる. 細胞周期を制御しているタンパク質のひとつであるサイクリン (cyclin) をコードしている遺伝子 *cyc* を導入すると, 根の伸長が大いに促進された. しかし, 表皮, 皮層, 内皮および内鞘の細胞のサイズは野生型とほぼ同じであったことから, 根の伸長促進は細胞の大きさによるのではなく, 細胞数の増大によると考えられた (Doerner et al. 1996).

4. 細胞の伸長と根の伸長

(1) 細胞伸長の程度と方向

根端分裂組織から送り出された細胞は, 伸長帯で長さと幅を拡大し, その結果として根が伸びることになる. 根の伸長 (root elongation) は, 細胞伸長の程度と方向に分けて考えることができる. 細胞伸長の程度は, 細胞壁の伸展性と細胞内の膨圧によって決まるが (Cosgrove 1993), 細胞壁の形成は 2 段階に分けられる. すなわち, まず細胞が伸長している間に一次細胞壁が作られ, 伸長が完了した後に一次細胞壁の内側に二次細胞壁が作られる. 突然変異体 *eli1* の幼植物の根における伸長帯は小さく, 伸長領域における細胞長も野生型より短い (Cano-Delgado et al. 2000). また, 内鞘, 皮層, 内皮でもリグニン化が進行している.

なお, 根端分裂組織は新しい細胞を生産し, 伸長帯へ送り出すだけでなく, 分裂組織の大きさを一定に保つための分裂と生長も行っている. 短根突然変異体 *stp1* の根の伸長は, 発育直後から抑制される (Baskin et al. 1992). これは, 分裂帯における分裂速度が低いことと, 伸長帯における伸長速度が低いことに起因すると考えられる. しかし, *stp1* のカルスが野生型とほぼ同じように生長したことから, 分裂帯における細胞伸長には異常がないと考えられる. したがって, 伸長帯における細胞伸長メカニズムは分裂帯での細胞伸長と異なり, *STP1* では伸長帯における細胞伸長が促進されると推察された (Baskin et al. 1995).

（2）細胞伸長に関する突然変異体

　細胞の伸長方向は，細胞壁を構成しているセルロースのマイクロフィブリルの配列方向に規定される．セルロースのマイクロフィブリルは微小管とほぼ平行に配列しており，根はこれと直交する方向に伸長する．セルロースのマイクロフィブリルと微小管との間には密接な関係が認められ，微小管に異常があるとセルロースのマイクロフィブリルや細胞伸長にも異常が認められる．

　表皮や皮層などの細胞長は一般に細胞幅より大きいが，突然変異体 *cob,gui* および *eud* の表皮の細胞長は細胞幅より小さく，また *lit* および *pom* の表皮細胞長は細胞幅と同じであった．これらの変異体の皮層および内皮の細胞長は細胞幅とほぼ同じであり，根全体は短く，太かった．しかし，これには細胞伸長が抑制されているものと，細胞分裂および細胞伸長の両者が抑制されているものとが含まれている（Benfey *et al.* 1993, Hauser *et al.* 1995）．突然変異体 *dim* の根長，胚軸，葉柄および茎は野生型より短かったが，いずれの組織においても細胞長は抑制されていた（Takahashi *et al.* 1995）．*dim* 遺伝子は561個のアミノ酸をコードしており，細胞伸長の過程に大きな役割を果たしていると考えられる．また，根の伸長が抑制される突然変異体 *prc1* は，野生型をセルロース合成阻害剤で処理したものと形態がよく似ていることから，*prc1* 細胞の伸長抑制は皮層や表皮の細胞壁でセルロースが不足しているために起こると考えられる（Fagard *et al.* 2000）．

5．植物ホルモンと細胞分裂・細胞伸長

　オーキシン，ジベレリン，アブシジン酸，サイトカイニン，エチレンおよびブラシノステロイドは，植物ホルモンとしてよく知られている．これらの植物ホルモンは根端部などで合成され，器官の分化や発育に大きな役割を果たしている．一般に，オーキシン，ジベレリン，サイトカイニンは生長促進作用を，アブシジン酸とエチレンは生長抑制作用を示し，細胞内のホルモン受容体と特異的に結合して，細胞分裂や細胞伸長，ひいては器官分化に大きな役割を果たしている．

植物ホルモン耐性を指標にして，根の伸長性に関する突然変異が選抜されている．突然変異体 *axr6* では，根および胚軸が欠損しており，発芽直後から生長が抑制される（Hobbie *et al.* 2000）．しかし，NAA を加えた培地で *axr6* のカルスを培養すると，正常な根が形成された．また，変異体と野生型とのヘテロ型では根の伸長が野生型より旺盛で，さらに 2,4-D, NAA, IAA に強い耐性を示した．これらの結果は，*AXR6* が根を含む器官分化と密接な関係を持つオーキシン（auxin）との応答に関与していることを示唆している．

　短根突然変異体 *stp1* は，サイトカイニン（cytokinin）であるゼアチンやベンジルアデニンに対して強い耐性を示したが，オーキシン，アブシジン酸，エチレン，ジベレリンに対しては耐性を示さなかった（Baskin *et al.* 1995）．一方，オーキシン処理で根の伸長帯が短くなり，細胞の伸長時間が短くなり，その結果として根の伸長が抑制されたが，分裂組織は大型化した（Beemster and Baskin 2000）．それに対して，サイトカイニン処理で細胞伸長時間は影響されないが，分裂帯や伸長帯が短くなり，根の伸長が抑制される．また，*stp1* 幼植物の表現型は，野生型をサイトカイニンで理したときの表現型によく似ていた．これらの結果から，分裂帯の大きさは植物ホルモン間のバランスによって決まると考えられる．

　突然変異体 *rib1* 幼植物の根は短く，多くの側根を持ち，異常な重力屈性を示した（Poupart and Waddel 2000）．また，オーキシンに対する伸長反応を調べたところ，*rib1* は IBA や 2,4-D には強い耐性を示したが，IAA や NAA には耐性を示さなかった．さらに，細胞内の IBA や IAA の排出に当たり，排出に関与するキャリアーが IBA と IAA との間で異なるようであった．したがって，*RIB1* は IBA のトランスポーターまたはそれとの応答に関与することと，IBA と IAA の排出機構が異なることが示唆された．一方，突然変異体 *SHY2* の子葉は大きく，また幼植物の根や胚軸は短く，異常な重力屈性を示した（Tian and Reed 1999）．*SHY2* は IAA 合成過程の一部をコードしており，根の伸長，側根の形成，重力屈性に関与していることが明らかになった．

一井眞比古（香川大学農学部）

引用文献

Baskin, T. I. *et al.* 1992. Aust. J. Plant Physiol. 19 : 427-437.
Baskin, T. I. *et al.* 1995. Plant Physiol. 107 : 233-243.
Beemster, G. T. S. and T. I. Baskin 2000. Plant Physiol. 124 : 1718-1727.
Benfey, P. N. *et al.* 1993. Development 119 : 57-70.
Cano-Delgado, A. L. *et al.* 2000 Development 127 : 3395-3405.
Cheng, J.-C. *et al.* 1995. Plant Physiol. 107 : 365-376.
Cobbett, C. S. *et al.* 1998. Plant J. 16 : 73-78.
Cosgrove, D. J. 1993. Plant Physiol. 102 : 1-6.
Doerner, P. *et al.* 1996. Nature 380 : 520-523.
Dolan, L. *et al.* 1993. Development 119 : 71-84.
Fagard, M. *et al.* 2000. Plant Cell 12 : 2409-2423.
Hauser, M.-T. *et al.* 1995. Development 121 : 1237-1252.
Hobbie, L. *et al.* 2000. Development 127 : 23-32.
Laurenzio, L. D. *et al.* 1996. Cell 86 : 423-433.
Laux, T. and G. Jurgens 1997. Plant Cell 9 : 989-1000.
Mayer, U. *et al.* 1993. Development 117 : 149-162.
Poupart, J. and C. S. Waddell 2000. Plant Physiol. 124 : 1739-1751.
Scheres, B. *et al.* 1995. Development 121 : 53-62.
Shevell, D. E. *et al.* 1994. Cell 77 : 1051-1062.
Takahashi, T. *et al.* 1995. Genes Develop. 9 : 97-107.
Tian, Q. and J. W. Reed 1999. Development 126 : 711-721.
Topping, J. F. *et al.* 1997. Development 124 : 4415-4424.
Vernoux, T. *et al.* 2000. Plant Cell 12 : 97-109.
Willemsen, V. *et al.* 1998. Development 125 : 521-531.

第10章　根系の遺伝的改良

1. モデル植物の突然変異体の解析

(1) モデル植物としてのシロイヌナズナとミヤコグサ

　植物の形がどのようにできてくるかは興味のある問題であり，モデル植物を利用して研究が進められている．前章で述べられているように，アブラナ科植物のシロイヌナズナ (*Arabidopsis thaliana*) は，ゲノムサイズが小さいため，突然変異体を高い確率で作り出すことができるし，植物体の栽培や採種も比較的容易である．また，クローニングされた遺伝子の発現解析に必要な形質転換植物を作出する技術もすでに確立されている．そのため，多くの突然変異体を用いて花の形成や根の発育の遺伝的制御に関する解析が進められている．

　一方，ミヤコグサ (*Lotus japonicus*) は，分子遺伝学的研究に適する諸性質をもつことから，近年，マメ科のモデル植物として注目されている．マメ科植物の根系を遺伝的に改良する際には，根粒菌との共生による窒素固定の場である根粒の形成についても制御機構を十分に理解しておく必要がある．ミヤコグサでは，共生根粒菌による窒素固定に関連した突然変異体 (共生変異体) が報告され，根粒形成や窒素固定活性に関する遺伝的制御機構の解析が進められている．

　植物科学分野においてもポストゲノム時代の幕開けを迎え，シロイヌナズナでは，全ゲノムの解読が完了し (http://www.kazusa.or.jp/kaos/)，ミヤコグサに共生して窒素固定を行う能力を持つ根粒菌 (*Mesorhizobium loti*) の全ゲノムも解読が完了した (http://www.kazusa.or.jp/rhizobase/)．今後は，ゲノム解析から得られた遺伝子に関する情報と，突然変異体 (mutant) の形質とを結びつけることによって，植物の構造や機能の制御機構がさらに解明されることが期待される．ここでは，まず，根の遺伝的改良の可能性を探る基礎として知っておきたいシロイヌナズナのパターン形成ならびに側根形

成に関する突然変異体，ならびにミヤコグサの根粒形成の突然変異体について，その一部を紹介することとする．

（2）パターン形成に関する突然変異体

シロイヌナズナの突然変異体の中に，根のパターン形成にかかわるものがある．パターン形成（pattern formation）というのは，未分化の細胞が発生過程で空間的配置を形成していくことである．たとえば，*mp*（*monopteros*）は，幼根を欠失している突然変異体である．根軸の形成にはオーキシン（auxin）が関係していることから，*mp* はオーキシンのシグナル伝達に関与する遺伝子に異常があると考えられる（Berleth and Jurgens 1993）．

根端分裂組織（root apical meristem）における始原細胞の分裂に異常が起こる *scr*（scarecrow）や *shr*（*short root*）では，根が野生型より短い．野生型では，静止中心に隣接する皮層・内皮始原細胞において，最初の垂層分裂に引き続いて並層分裂が起こるのに対して，*scr* や *shr* では最初の垂層分裂は正常に起こるが，それに続く並層分裂が起こらない（Scheres *et al.* 1995）．

根毛（root hair）形成についても，多くの突然変異体が得られている．シロイヌナズナの表皮細胞は20個前後であり，その中心側で2個の皮層細胞と接しているものと，1個の皮層細胞と接している細胞とに分けられる．この場合，必ず前者の表皮細胞は根毛を形成する細胞（trichoblast）であり，後者は根毛を形成しない細胞（atrichoblast）となるという規則性が認められる．根毛形成に係る突然変異体である *ttg*（*transparent testa glabra*）は，皮層柔細胞との位置関係にかかわらず，いずれの表皮細胞からも根毛が生じる変異体である（Galway *et al.* 1994）．根毛と同様に葉や茎の表面から生じる突起細胞（trichome）の形成開始時に働く遺伝子との関連が注目されている．

（3）側根形成の突然変異体

側根（lateral root）の形成に関しては，*sur*（*super root*）や *alf1*（*aberrant lateral roots formation 1*）のように側根形成が旺盛な変異体や，*slr*（*solitary root*）のように側根がほとんど生じない変異体が報告されており，オーキシンシグナルによる側根形成の調節機構が解析されつつある．側根原基は主根の内鞘細胞に起源する．内鞘細胞は細胞周期（cell cycle）の G_2 期の状態にある

ので，側根原基の分化が始まるには，内鞘細胞が G_2 期から M 期へ移行する必要がある．細胞周期（cell cycle）に関しては分裂酵母（Schizosaccharomyces pombe）で研究が最も進んでおり，サイクリン遺伝子群（cyclin genes）が細胞周期を制御するものとしてクローニングされている．分裂酵母では，G_2 期から M 期への移行に cdc (cell division cycle) 25 という遺伝子が関与しており，この遺伝子をタバコ（Nicotiana tabacum）に導入して発現させると，側根（lateral root）の形成が促進されることが確認されている（McKibbin et al. 1998）．また，サイクリン遺伝子の一つである CycB1;1 遺伝子を導入したシロイヌナズナの形質転換体を，オーキシンを添加した培地に置床すると，野生型に比べて側根の発生が著しくなる．

内鞘細胞は脱分化した後，細胞分裂を繰り返し，側根原基を形成する．分化した側根原基の根端分裂組織の分裂活性はいったん低下するが，その後，分裂組織の基部で細胞分裂が再活性化し，側根が主根を突き破って出現する．ただし，培地中に硝酸イオンが過剰にあると，この再活性化が起こらず側根が出現しない．alf3 (aberrant lateral roots formation 3) は，分化した側根原基の生育が途中で停止する変異体であり，糖の添加によって生育が進むことから，側根の出現に糖の輸送が関係した制御機構が存在すると考えられる（Celenza Jr. et al. 1995）．

（4）ミヤコグサと根粒形成の突然変異体

根粒菌と共生関係を持つマメ科植物では，根の発育を根粒形成との関係からも見る必要がある．一般に，マメ科植物の根粒（root nodule）は，先端に分裂組織を持ち，細長い形になる無限型根粒（indeterminate nodule, アルファルファ，クローバ，レンゲなど）と，分裂組織をもたない球形の有限型根粒（determinate nodule, ダイズ，ラッカセイ，ミヤコグサなど）とに分けられる．無限型では根粒原基が根の皮層の内側（inner cortex）に形成されるが，有限型は皮層の外側（outer cortex）に形成される場合が多い．有限型でも無限型でも，根粒組織は主根の皮層細胞に起源するが，例外的にラッカセイ（Arachis hypogaea）やセスバニア（Sesbania rostrata）では，主根の内鞘に由来する側根の皮層に形成される（図10.1）．根粒原基の形成は，根粒菌の nod 遺伝子

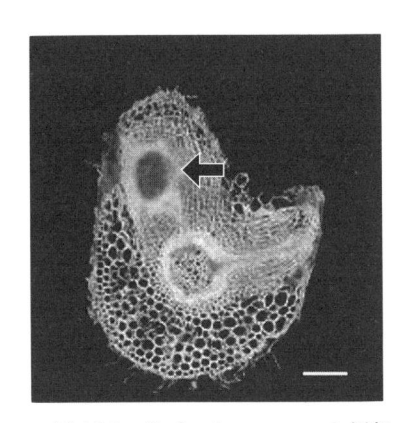

図10.1 *Sesbania rostrata* の側根皮層における根粒の形成
gusA 標識菌株（*Azorhizobium caulinodans* U9709-SRS-GUS）を接種することにより根粒形成部位を検出した（矢印）．バーは1mm．

（nod gene）によって産生され菌体外に放出されるNodファクター（Nod factor）とよばれるキチンオリゴマーを骨格とする物質がシグナル物質となって，皮層柔組織の細胞分裂が開始することから始まる．

ただし，Nodファクターが与えられても，硝酸やアンモニアといった窒素化合物が過剰にあると，根粒が形成されないことが知られている．たとえば，硝酸イオンは根毛の変形化を阻害して根粒菌の感染を阻害するが，同時に根粒原基の形成や分裂組織の再活性化にかかわる細胞周期の制御機構を通して根粒形成を阻害している可能性もある．ミヤコグサでは，共生変異体である *Ljsym80*（硝酸感受性が低下した根粒過剰着生変異体），*Ljsym16*（側根数が多い根粒過剰着生変異体），*Ljsym77*（側根数は野生型と変わらず根粒数が多い変異体）などの多様な変異体が作出されているので，これらの突然変異体を供試して，根粒形成の制御機構が明らかにされていくであろう．

なお，上述のシロイヌナズナの突然変異体やミヤコグサの共生変異体の形質発現に関しては，秀潤社から発行されている「植物細胞工学シリーズ」の「1. 植物の形を決める分子機構」，「12. 新版－植物の形を決める分子機構」，「13. 植物細胞の分裂」などに詳しい解説があるので参照して頂きたい．

2. 毛状根を利用した根系の改良

（1）毛状根

土壌細菌の一種である *Agrobacterium rhizogenes* が双子葉植物に感染すると，感染部位に毛状根（hairy root）と呼ばれる不定根を叢生する．この現象はメロン（*Cucumis melo*）やバラ（*Rosa hybrida*）で報告されており，毛根病と

2. 毛状根を利用した根系の改良　（87）

図 10.2　メロン毛根病の典型的な症状
ネットの張りが悪くなり，果形が乱れ，糖度が低下する（A），床土表面に毛状根が叢生するために水管理が困難になる（B）．

呼ばれている（図10.2）．毛根病は，*A. rhizogenes* がもつプラスミド DNA 上の T-DNA 領域にある遺伝子が，宿主植物の染色体 DNA に導入されることによって生じる現象である．この遺伝子は，植物ホルモンの産生に係る遺伝子であることが明らかにされている．ここでは，この土壌細菌の遺伝子を導入することによる根の遺伝的改良についてその可能性を述べることとする．

（2）毛状根由来の形質転換体

毛状根を適当な培地に置床すると不定芽を分化する場合があり，得られた不定芽から根を誘導して植物体を再分化できることが，いくつかの植物で報告されている．このような毛状根から再分化した植物体，すなわち形質転換

体は，様々な形態的な特徴を示す．たとえば，茎葉部については，葉が波を打ったり，節間が著しくつまったり，花が小型化する．これらの形態変化には，*A. rhizogenes* がもつ *rol* 遺伝子群（*rol* genes, *rolA,B,C,D*）が関与しており，その発現解析が進められている．一方，根系については観察しにくいため詳細は明らかでないが，キンギョソウ（*Antirrhinum majus*，Handa 1994），ルドベキア（*Rudbeckia hirta*，Daimon and Mii 1995），ニーレンベルギア（*Nierembergia scoparia*，Godo *et al.* 1997）などで，著しい側根の発生，根量の増大，土壌表面への根の露出などが報告されている．

マメ科植物の根系の改良や窒素固定能力の向上への応用を目的として，いくつかのマメ科植物において，毛状根を誘導し，その特性を明らかにすることが試みられている．根の生育は茎葉部との相互作用によって制御されるため，毛状根の根としての特性の評価は，*rol* 遺伝子を導入した形質転換植物で行う必要がある．しかし，毛状根から植物体を容易に再分化できるマメ科植物は少なく，研究事例も少ない．そこで，茎葉部は形質転換していないが，根系は形質転換した合成植物（composite plant）を作出し，根系の評価が行われている．たとえば，ラッカセイでは，非形質転換根をもつ対照個体に比べて，合成植物は根量が多く，主根の基部における分枝の発達が著しい（図 10.3）．

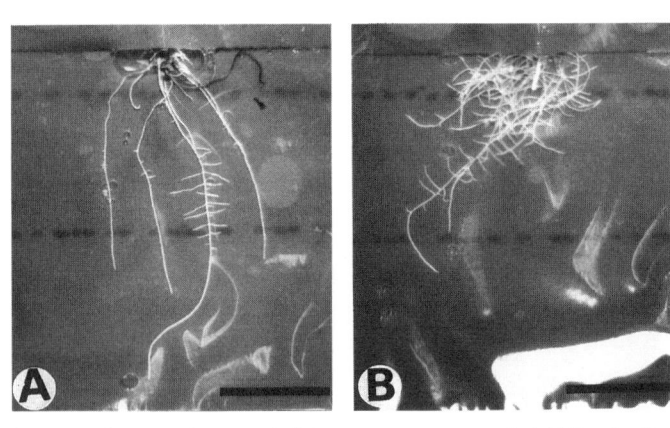

図 10.3 グロースポウチで生育させたラッカセイの合成植物の根系
非形質転換根（A），形質転換根（B），バーは 5 cm．

また，根系のフラクタル次元（第3章）は，対照個体に比べて高い値を示し，根系構造は複雑となる．また，根毛の発生も著しい（Akasaka *et al.* 1998）．これらは，根の形態や機能の遺伝的改変にとって興味深い特性である．

（3） 毛状根における根粒形成

上述のラッカセイ（*Arachis hypogaea*）は他のマメ科植物とは異なり，主根の伸長に伴って表皮細胞を含む表層が脱落するという特徴を持っている．したがって，主根表面に根毛が形成されず，根粒菌は側根の基部から感染する（Uheda *et al.* 2001）．このことは，毛状根における側根数の増大が，根粒着生数の増大につながる可能性を示している．上述のラッカセイの合成植物に着生する根粒の様相を，対照個体の根における根粒と比較したところ，根粒菌を接種後20日目には，根粒の着生が認められ，根粒は窒素固定活性を持つことが確認された．一方，合成植物の根に着生した根粒は，ほとんどが正常な球形の有限型根粒であったが，根粒の皮層細胞が異常に肥大したり，根粒先端部分から新たな根が分化するものなど，対照個体の根に着生した根粒には認められない特徴も観察された．ラッカセイの他にもいくつかのマメ科植物において，*rol*遺伝子が導入された毛状根や毛状根由来の形質転換植物で根粒着生が観察されている．たとえば，サイラトロ（*Macroptilium atropurpureum*），アルファルファ（*Medicago sativa*），アカクローバ（*Trifolium pratense*）においては，形質転換体では根粒の着生数が少なく（Beach and Gresshoff, 1988），一方，西洋ミヤコグサ（*Lotus corniculatus*）においては根粒着生までの日数，根粒の形状，窒素固定活性が非形質転換根と変わらなかったことなどが報告されている（Stougaard *et al.* 1986）．

根は茎葉部を構成する器官に比べて構造が単純であるが，その形成過程は高度に制御されている．このことを，モデル植物の突然変異体と毛状根由来の形質転換体の例を通して紹介した．根は，物理性，化学性，生物性が多様な土壌環境の中で生育しており，多くの遺伝子プログラムに基づいて様々な環境要因に応答している．また，植物によっては，共生微生物の遺伝プログラムとの相互作用によって応答が変化するものもある．食料生産の改善や新たな地球環境の創成を植物根系の遺伝的改良からアプローチする研究は，ま

だ緒に着いたばかりである．

大門弘幸（大阪府立大学大学院農学生命科学研究科）

引用文献

Akasaka, Y. *et al.* 1998. Ann. Bot. 81：355-362.

Beach, K.E. and P. M. Gresshoff 1988. Plant Sci. 57：73-81.

Berleth, T and G. Jurgens 1993. Development 118：575-587.

Celenza Jr. J. L. *et al.* 1995. Genes Dev. 9：2131-2142.

Daimon, H. and M. Mii 1995. Jpn. J. Crop Sci. 64：650-655.

Galway, M. E. *et al.* 1994. Dev. Biol. 166：740-754.

Godo, T. *et al.* 1997. Scientia Horticulturae 68：101-111.

Handa, T. 1994. In Bajaj YPS. ed., Plant Protoplasts and Genetic Engineering Ⅴ. Springer-Verlag, Berlin. 226-235.

McKibbin, R. S. *et al.* 1998. Plant Mol. Biol. 36：601-612.

Scheres, B. *et al.* 1995. Development 121：53-62.

Stougaard J. *et al.* 1986. Nature 321：669-674.

Uheda, E. *et al.* 2001. Can. J. Bot.79：733-738.

第11章 根型育種と栽培管理

1. 根の遺伝的改良の必要性

　作物が持っている土壌の物理的化学的ストレスに対する耐性や，少ない養分を吸収・利用する能力の活用が，低投入持続型農業の発展に重要であるという認識が近年高まっている．その背景には，施肥などによる環境負荷の問題の深刻化や，肥料・土壌改良資材など，有限な投入資材を多量に利用することを見直す動きがある．このような動きに伴って，根の形態や機能にかかわる形質の遺伝的変異を解明し，これらを利用することが重要視され始めている．これまでは，有用な根の形質を同定し簡便かつ正確に選抜することが難しかったため，根の形質を直接の選抜形質として作物や品種が実際に育成された事例は少なかった．しかし，1980年代後半以降，分子マーカーの連鎖地図が発達したことに伴って，根の形質を選抜・導入するためにマーカー選抜法を利用することが可能となりつつある．また，根の形質に関する生理的形態的な理解と，遺伝的な理解とを統合することが試みられている．このように，根の形質を育種形質として利用することに対する需要が増大するとともに，そのための手法が発達することにより，根にかかわる作物・品種開発は今後ますます盛んになると考えられる．以下では，その一例として，熱帯陸稲の耐乾性にかかわる根の形態の遺伝や栽培管理を通した土壌環境の制御を解説する．また，根の形質に注目して土壌環境ストレス耐性や低投入適応性の遺伝変異を解明し，作物・品種の育成へ利用していこうとする最近の動きについて紹介する．

2. 熱帯陸稲の耐乾性改良と根形質

　熱帯アジアで栽培されている陸稲（upland rice）の収量は，約 1.2t ha^{-1} と著しく低いレベルにとどまっているが，水ストレス（water stress）は収量の大きな変動にかかわっている重要な要因と考えられる．作物の耐乾性（drought tolerance) の基盤となる生理的機構としては，水吸収能力，水利用効率，植物体内の水分が少ないことに対する耐性などがあげられる．耐乾性を向上させようとする場合にどの要因を改良することが有効であるかは，水ストレスのタイプや作物により異なる．陸稲では深い根系によって土壌深層から水を吸収して植物体内の水ポテンシャルを高く維持することが，ひとつの有効な方法であると考えられており（Yoshida and Hasegawa 1982），実際に深根性品種を育成することや，栽培管理によって根系の発達を促進させることが試みられている．

　現在までの耐乾性育種の一つの方向は，主に熱帯ジャポニカ品種で見出されている深根性形質と，他の品種群が持っている穂数性などの多収性にかかわる茎葉部の形質とを組み合わせることである．これまで圃場で行われてきた陸稲品種の選抜過程でも，結果的に深根性品種が選抜されている可能性は大きいが，より効率的に深根性形質を選抜するために，1990年代以降マーカー選抜法（marker-aided selection）を利用する試みが始まっている．その第一段階として，主に深根性のジャポニカ在来陸稲品種を親に用いた DH 集団（doubled haploids lines, Yadav et al. 1997），RI 集団（recombinant inbred lines, Champoux et al. 1995）や F_2 集団（Price and Tomos 1997）などを利用して，冠根の形態形質の QTL 解析（QTL analysis）が行われている．多くの場合，冠根の長さ（あるいは深さ）と直径については集団内変動の約 10 - 20 % に寄与すると推定される QTL が少数見出され，その他にそれより小さい寄与度の QTL が多数見出されている．異なる環境条件や集団においても共通の QTL が検出されている．一方，特定の環境条件あるいは集団でのみ検出される QTL も多い．その原因としては，関与する対立遺伝子が遺伝集団によって異なること，土壌環境要因の影響，および両者の相互作用が考えられる．

3．土壌・栽培環境要因の影響

　深根性の遺伝的変異が限られている陸稲では，栽培地域の土壌環境における根系発達の抑制要因を正確に把握し，それを土壌管理によって軽減するとともに，抑制要因に対する反応の遺伝変異を活用していくことが不可欠であ

る．土壌の乾燥・圧密などによる物理的抵抗の増加は，根系発達の重要な抑制因子と考えられる．湛水される天水田においても，冠根の鋤床層への貫通力と深層からの水吸収が耐乾性に寄与すると考えられている．ワックス層を用いた貫通力評価法（Yu et al. 1995）により，畑条件，湛水条件下での冠根の貫通力に関するQTLの解析が進行している（Ray et al. 1996, Ali et al. 2000, Price et al. 2000, Zheng et al. 2000）．貫通力と冠根の直径との品種間差には一般に相関関係が見られる（Yu et al. 1995）が，貫通力と冠根直径の両方に寄与するQTLも見出されている．しかし，試験結果間のバラツキから，貫通力に関与する遺伝子とその発現機構が土壌水分条件や遺伝集団によって多様であることが示唆される．

　土壌の化学的要因としては，酸性や栄養環境などがあげられる．酸性Ultisolでは，Ca^{++}の溶脱を利用した土壌深層の酸性改良による根系発達促進効果が見られている（IRRI 1997）．また，施肥などによる作土層へのリン酸の供給が，とくに生育初期に形成される冠根生長を促進することにより，下層の根長密度を増加させ水吸収層を拡大する効果があることが示唆されている．深根性の品種間差を捉える場合，土壌水分変化への反応性はとくに重要であると考えられる．陸稲の根の生長は，比較的土壌乾燥への感受性が高く，乾燥条件下で根系が浅い原因となる（Kondo et al. 2000）．天水田でも，湛水条件の後に起こる土壌水分の急激な低下に対する側根の伸長促進が，水吸収・茎葉部の生育維持に関係することが示唆されている（Ingram et al. 1994, Bañoc et al. 2000）．土壌乾燥下での根系の生育維持・促進機構としては，浸透圧調節（Ober and Sharp 1994）や根への炭素源の転流制御などが想定される．今後，イネの根の土壌栄養・水分環境に対する反応機構の理解と遺伝変異の利用が進められることが期待される．

4．茎葉部の形態との関係

　冠根の数・直径・長さに関するQTLのいくつかは，茎葉部の形態形質（草丈，茎数，茎径など）のQTLと同じ，あるいは近い領域で検出されている．複数の矮性遺伝子についてのNIL（準同質遺伝子系統）の幼苗を用いて，矮性

性遺伝子の根生長への効果が調べられているが，根の生長に抑制的な場合と影響が小さい場合とがみられる（Kitano and Futsuhara 1991）．根への影響が，多面発現であるか茎葉部への制御を通した間接的影響であるかを解明することが，深根性改良への利用において必要である．分離冠根を用いた実験では，冠根長の品種差異に茎葉部の生育が強く影響する場合がある（阿部・蓬原 1983）．

5．陸稲の根改良の方向

　日本の陸稲や他の作物においても，水ストレス下での根系発達程度の違いが，耐乾性の品種間差異の要因であることが報告されている（渡辺 1997, Huang and Gao 2000）．しかし，耐乾性品種の育成に実際に根形質が選抜形質として利用されたのは，コムギでの深根性（Hurd et al. 1972）や導管の直径（Richards and Passioura 1981）に注目した例など少数に限られていた．近年，イネ以外の作物でも水吸収能に関連した根系形態の遺伝要因の解析が多く行われるようになってきている．浅根性のレタスでは栽培種（*Lactuca sativa*）と野生種（*L. serriola*）の種間交雑集団での解析において，主根の長さと深層からの水吸収能に関わるQTLが見出されている（Johnson et al. 2000）．

　熱帯陸稲では，ポット栽培や水耕条件下で見出された深根性に関わるQTLが，実際の栽培地域における耐干性の向上に関与しているかどうかについて評価が始められたところである（Courtois et al. 2000）．深根性にかかわるQTLについてのNIL（準同質遺伝子系統）の利用（Shen et al. 1999）は，QTLの深根性発現効果を検証するとともに，異なる土壌条件や水ストレス条件で，とくに水ストレスに最も感受性の高い開花期にストレスを受けた場合の，深根性の耐干性への寄与を評価する手段として注目される．また，導管直径や破生通気組織の発達程度など，水の吸収や移動に対する抵抗への影響を通して根系の水吸収能に関与する可能性がある，深根性以外の形質についても有効性を検証することが期待される．

6. 低栄養投入適応品種の育成

　貧栄養土壌や低栄養投入下での乾物生産・収量は，栄養分吸収量と吸収された栄養の内部利用効率に大きく規定される．酸性 Oxisols で主に熱帯ジャポニカ品種の比較をしたところ，リン酸吸収量とリン酸内部利用効率の両者が茎葉部生育量の差に寄与していた（Fageria et al. 1988）．また熱帯水稲では，窒素吸収量と吸収窒素の収量への内部利用効率の品種間差異は，窒素施肥レベルとの間に交互作用があることが認められている（Tirol-Padre et al. 1996）．各窒素施肥レベルで有効な窒素吸収機構を明らかにすることが，適応品種の改良につながる可能性が示唆される．水稲の近代品種は一般に表層追肥体系下で選抜されてきているため，表層に多い土壌窒素を吸収するのに適応した根系の形態・機能を持っている可能性がある．今後，低窒素施肥や有機質肥料を基本とした窒素供給条件に適応した根系特性について明らかにするためには，土層内での窒素吸収と根系の分布の関係についての検証が必要である．

　低栄養環境下で茎葉部より根の生育が優先的に促進されるのは土壌栄養分獲得効率の向上戦略として捉えられ，異なる栄養環境での根へのバイオマス分配の可塑性と栄養に対する競合性との関係（Reynolds and D'Antonio 1996）などが注目されてきた．また，窒素やリン酸の局所施肥による側根発達の促進も効率的な土壌栄養の獲得法として理解されている．窒素環境による根の生長制御機構としては，根でのサイトカイニン（cytokinin）生成を通した制御（Van der Werf and Nagel 1996）などが提案されてきている．このような栄養環境への根系形態の実際の反応は，遺伝的に多様である．イネでは低リン酸田での乾物生産に影響するリン酸吸収量に関連する QTL が見出され（Wissuwa et al. 1998），これらが根系の発達に関係することが示唆されている．ワタ（Gossypium spp.）では，窒素施肥による側根密度増加の品種間差異がカリ吸収能に影響することが報告されている（Brouder and Cassman 1994）．

7. 根形質の遺伝的差異の利用

　根は土壌に対する炭素源や酸素の供給・消費源でもあり，根圏での炭素・窒素代謝活性に大きな影響を及ぼす．熱帯牧草の *Brachiaria humidicola* は，特異的にアンモニア酸化菌の増殖を抑制することにより，硝化作用と亜酸化窒素発生を抑制することが示唆されている（石川ら 1999）．このような作物・品種の特異な機能を用いることにより，窒素の利用効率を向上させ環境負荷を軽減する可能性は注目される．水稲根の特徴である皮層破生組織に由来する根のガス通導能や酸化力は，メタン，亜酸化窒素などの温室効果ガスの生成・消費・茎葉部への輸送や，硝化・脱窒能に影響を及ぼす．メタンの植物体中の通導性や発生量には，根容積や根重など根系サイズとの間に相関が見られている（Yao *et al.* 2000, Wang and Adachi 2000）．水稲根の酸化力は秋落抵抗性との関係（五島・田井 1955）などで古くから着目されているが，その品種間差異の実態の解明と利用が期待される．また，水稲の特性である根圏や根での窒素固定能には有意な品種間差異があり（Shrestha and Ladha 1996），複数の遺伝子が関与することがQTL遺伝解析で示唆されている（Wu *et al.* 1995）．根からの炭素供給など，根の形質が要因として想定される．

　QTL解析やマーカー選抜の発展は，根形質に関する主働遺伝子・微働遺伝子の効果を分析的・定量的に捉えることを可能にするとともに，根形質を制御する遺伝・生理要因を理解し，形質を効率的に育種に利用するための有効な手段になると考えられる．一方で，実際の栽培地で何が土壌ストレスの実要因となっているかを解明することと，それらの要因に対する根のフレキシブルな反応機作を解明することがますます重要となる．今後，それぞれの遺伝資源が育まれてきた栽培環境を考慮しながら有用な根の形質の見直すことが有効であると考えられる．

近藤始彦（作物研究所）

引用文献

阿部利徳・蓬原雄三 1983. 日作紀 52 (別1): 105-106.

Ali, M. L. *et al.* 2000. Theor. Appl. Gene. 101 : 756-766.
Bañoc, D. M. *et al.* 2000. Plant Prod. Sci. 3 : 335-343.
Brouder, S. M. and K. G. Cassman 1994. Plant Soil 161 : 179-193.
Champoux, M. C. *et al.* 1995. Theor. Appl. Gene. 90 : 969-981.
Courtois, B. *et al.* 2000. Mol. Breed. 6 : 55-66.
Fageria, N. K. *et al.* 1988. Plant Soil 111 : 105-109.
五島善秋・田井喜三男 1955. 土肥誌 26 : 17-18.
Huang, B. and H. Gao 2000. Crop Sci. 40 : 196-204.
Hurd, E. A. *et al.* 1972. Can. J. Plant Sci. 52 : 687-688.
Ingram, K. T. *et al.* 1994. In G.J.D.Kirk ed. Rice Roots. IRRI, Los Baños. 67-77.
IRRI 1997. Program Report for 1996. IRRI, Los Baños. 50-51.
石川隆之ら 1999. 土肥誌 70 : 762-768.
Johnson, W. C. *et al.* 2000. Theor. Appl. Gene. 101 : 1066-1073.
Kitano, H. and Y. Futsuhara 1991. In Rice Genetics II. IRRI, Los Baños, 712-713.
Kondo, M. *et al.* 2000. Soil Sci. Plant Nutr. 46 : 721-732.
Ober, E. S. and R. E. Sharp 1994. Plant Physiol 105 : 981-987.
Price, A. H. and A. D. Tomos 1997. Theor. Appl. Gene. 95 : 143-152.
Price, A. H. *et al.* 2000. Theor. Appl. Gene. 100 : 49-56.
Ray, J. D. *et al.* 1996. Theor. Appl. Gene. 92 : 627-636.
Reynolds, H. L. and C. D. D'Antonio 1996. Plant Soil 185 : 75-97.
Richards, R. A. and J. B. Passioura 1981. Crop Sci. 21 : 253-255.
Shen, L. *et al.* 1999. In O.Ito, J.O Toole and B.Hardy eds. Genetic Improvement of Rice for Water-limited Environments. IRRI, Los Banos. 275-292.
Shrestha, R. K. and J. K. Ladha 1996 Soil Sci. Soc. Am. J. 60 : 1815-1821.
Tirol-Padre, A. *et al.* 1996. Field Crops Res. 46 : 127-142.
Wang, B. and K. Adachi 2000. Nutri Cycling Agroecosystem 58 : 349-356.
渡辺 巌 1997 熱帯農業 41 : 229-234.
Van der Werf, A. and O. W. Nagel 1996. Plant Soil 185 : 21-32.
Wissuwa, M. *et al.* 1998 Theor. Appl. Gene. 97 : 777-783.
Wu, P. *et al.* 1995. Theor. Appl. Gene. 91 : 1177-1183.
Yadav, R. *et al.* 1997. Theor. Appl. Gene. 94 : 619-632.
Yao, H. *et al.* 2000. Plant Soil 222 : 83-93.
Yoshida, S. and S. Hasegawa 1982. In Drought Resistance in Crops with Emphasis on Rice. IRRI, Los Baños. 97-114.
Yu, L. X. *et al.* 1995. Crop Sci. 35 : 684-687.
Zheng, H. G. *et al.* 2000. Genome 43 : 53-61.

第4部　食糧生産と根系制御

第12章　水稲の栽培と根系

1. 施肥の様式と根系の生育

　水稲（lowland rice）栽培において施肥法を変えると，根系の形態や機能も変化する．これは，根系が示す一つの環境変異である．すなわち，肥料（fertilizer）を与える位置を変えると，水稲の根の張り方に違いが生じ，肥料成分が存在する土壌域で根がよく発達することが一般的に知られている．たとえば，暖地でコシヒカリを栽培した場合，出穂前32日に地表下12 cmの場所に深層追肥を行うと，土壌深層部の根の活性が高くなり，根量が増加する．また，深層追肥（地表下15～25 cmの部分に施肥），全層施肥（0～25 cm），側条深層施肥（条の片側12.5～25 cm）および表層施肥（0～8 cm）がコシヒカリの根系生育に及ぼす影響について，根箱を利用したモデル実験で検討したところ，いずれの栽培区でも，肥料が分布する土壌域において側根や根毛がよく発達していた（鯨1989）．根系全体の発達は，深層施肥区が最もよく，次いで全層施肥区，表層施肥区の順であった．側条深層施肥区では，土壌中の肥料の有無によって根系生育に著しい差が認められ，肥料が存在しない土壌域における根の生育は劣り，根が伸長する方向も施肥部位にシフトする傾向が認められた（図12.1）．しかし，側条施肥で栽培した場合，穂ばらみ期には根が土壌表層部に多く分布して深層まで伸長するものが少なかったが，総根重は全層施肥区と差が認められなかったという報告もある．表層施肥を行うと，土壌深層まで伸長する根が少なく，表層に分布する根が多い浅い根系が形成される．深層施肥を行うと，土壌深層において側根の発生が多くなり，根が長く伸びる傾向が認められる．

図 12.1　施肥位置の違いによる水稲根系形態の変異　(1) 陸羽132号
A : 2.5kg - N/10a，B : 10.0kg - N/10a，C : 2.5kg - N/10a + 18℃ (低温)，D : 深層施肥，
E : 全層施肥，F : 片側部分の深層施肥．

2. 肥料の種類と根系の生育

(1) 肥料の種類と量

　肥料の種類や量も，水稲根の生育に大きな影響を及ぼす．たとえば，基肥を与えずに深水管理を行うと，土壌中の広い範囲に豊かな根系が発達する．この場合，標準的な栽植密度で栽培するのに比較して，疎植栽培をすると直下方向に伸長する根が多くなり，土壌深くまで根が分布する (図 12.2)．有機

図12.1　施肥位置の違いによる水稲根系形態の変異　(2) 農林3号
A：2.5kg－N/10a, B：10.0kg－N/10a, C：2.5kg－N/10a＋18℃（低温）, D：深層施肥,
E：全層施肥, F：片側部分の深層施肥.

質肥料として堆肥（compost）を施用すると，慣行の化学肥料を施用した場合よりも根が土壌深くまで伸長する．堆肥と有機質リン酸肥料を併用すると，堆肥だけを施用した場合よりも根が直下方向によく伸長し，根域も広くなる（鯨 1990）．堆肥を施用した水田では冠根数が増加して作土全体に根が分布し，とくにうわ根（superficial root）の形成が促進されることが知られているが（川田 1982），堆肥と有機質リン酸肥料の併用により，根系形態に及ぼす堆肥施用の効果が促進されると考えられる．水稲根が分布する土壌領域は，窒

素の施用量に影響される．単位面積当たりの窒素施用量が同じであれば，追肥の形で施用した方がうわ根の形成が促進され，その結果，堆肥施用水田に類似した効果が期待できる．しかし，これはあくまでも堆肥の代役であって，追肥技術によって堆肥施用水田のように作土全体に根を伸長させることはできない（川田 1982）．

（2）自然農法

　自然農法で栽培したコシヒカリの根系は比較的浅く，株の直下方向に伸長する根が少ないため，株の直下に根の分布が少ない空間が生じる事例が観察されている（鯨 1990）．しかし，化学肥料を施用して慣行栽培した場合と比較して，自然農法で栽培した方が根量が多く，根が茶褐色を呈しているという報告もある（片野ら 1983）．作土層におけるグライ層の発達または斑鉄の減少が根に障害を与えるという報告もあり（津野・小田 1985），土質やグライ層の発達程度の違いが根系形態に影響を与えるかどうかも検討する必要がある．

（3）米糠と石膏

　基肥として米糠 1.0 t/10 a と化学肥料（8-17-14）40 kg/10a を施用して栽培したコシヒカリの出穂期における根系は，他の栽培区と比較して浅根状態を示す（鯨ら 1998）．コアサンプル法（直径 53 mm，深さ 30 cm）で採取した根系の土壌中における階層分布を，表 12.1 に示した．米糠 1.0 t 施用区における総根長および総根重は他の栽培区と比較して少なく，表層に分布する根量が多い特徴を示した．地表下 10 cm の階層に分布する根長割合は，株間で 75 % であり条間では 82 % と高く，根の乾物重比で比較した場合でも，株間は 71 %，条間では 78 % の値を示していた．米糠の多量施用による根系の浅根化現象が認められる．石膏（硫酸カルシウム：gypsum）は，アメリカにおける有機農業に関する州法で使用の許可が認められている資材である．水田に石膏を施用した場合，水田からのメタン発生量が抑制されるため（Kujira *et al.* 1996），環境保全型農業を推進するうえでの効果が期待されている．石膏を施用してコシヒカリを栽培すると，土壌中における 10 cm 以下の層に分布する根量の割合が増加する（Kujira *et al.* 1996，鯨ら 1996）．石膏の施用により水稲群落内における光合成有効放射の透過状態が改善される（鯨ら 1998）

表 12.1　栽培管理の違いがコシヒカリ根長に及ぼす影響

栽培管理	根　長（m）							
	株間				条間			
	0-10cm	10-20cm	20-30cm	総根長	0-10cm	10-20cm	20-30cm	総根長
A	905.9	297.2	9.0	1,212.1	809.0	135.4	38.1	982.5
B	808.7	399.4	168.6	1,376.7	766.2	273.9	75.7	1,115.8
C	921.3	193.3	179.5	1,294.1	336.8	199.3	112.5	648.6

＊コアサンプル法（53mm φ, 300mmD）を用いて出穂期に調査
A：米糠1.0t/10a＋9.6kg-N/10a側条施肥＋石膏30kg/10a
B：8.8kg-N/10a＋石膏30kg/10a
C：基肥ゼロ＋追肥化成40号を24kg/10a＋石膏30kg/10a

が，根系の生理的活性が関与している可能性もある．石膏施用に伴う根の活力の変化については，まだ明らかにされていない．

3．長期連続施肥と根系の生育

　24年間連続して同一の施肥管理条件下でコシヒカリを栽培している圃場で，コシヒカリの根系分布を調査した報告がある（鯨ら 2000）．幼穂形成期における株間の総根重は，豚糞籾殻堆肥連用区で少ない傾向が認められた．条間では，化学肥料連用区における根重が大きく，とくに表層0－10cmにおける根量が多かった．19年間コシヒカリの三要素試験を継続している圃場（無肥料区，無窒素区，無リン酸区，無カリ区，三要素区）で，収穫後の株間部位において根系調査を行った（鯨ら 未発表）．無リン酸区における株間10～20cmの根重は無窒素区より大きく，処理間における有意差が認められた．また，株間の20～30cmの土層では，無窒素区より無カリ区の根重が有意に大きかったが，その他の処理区間では有意な差が認められなかった（鯨ら 未発表）．三要素区のコシヒカリの根系生育は，無リン酸区や無カリ区と比較しても有意差が認められていない．三要素試験区での調査は，収穫後の結果のみの調査であり，栄養生長期や出穂期および登熟期における調査は実施していない．生育時期別の根系調査を行ってから総合的に判断する必要があるが，興味ある結果である．

4. 根の生理的活性の評価

　根の生理的活性の評価は，α-ナフチルアミン酸化力やTTC還元力を指標として以前から試みられている．そのほか，出液速度（第6章）も根の生理的活性を示す指標の一つと考えられ，様々な栽培条件下において測定されている．出液速度は日変化を示すとともに，生育とともに変化することが知られている．そのほか，根系から吸収されるルビジウム（Rb）の量を，根の生理的活性を示す指標とすることが検討されている．根量が最大になる出穂期において，株間および株直下部分に塩化ルビジウムのゲル（0.4％の寒天溶液に塩化ルビジウムを溶解して40 mg/mlのRbを含むゲルを調製する）を10 mlスポット注入し，5日後に株を刈り取り，乾燥処理した後，吸収されたRb量を測定した．豚糞籾殻堆肥を24年間連用した圃場で栽培したコシヒカリの，株あたりRb吸収量は，化学肥料連用区やイナワラすき込み連用区より多かった．すなわち，株間5 cm下，株間10 cm下および株直下20 cm下のいずれの位置においても，豚糞堆肥連用区のRb吸収量が大きい傾向があり，株間10 cm下では有意差が認められた（鯨ら　未発表）．化学肥料連用区よりも堆肥連用区の水稲の方が，根の活力が高いと考えられた．

　長野県伊那市で多収の実績を示しているコシヒカリの根の生理活性を，Rb吸収量から検討した．その結果，出穂期における多収区の根系のRb吸収量は，対照区よりも有意に多く，多収を示すコシヒカリの根系は生理的活性が高いと考えられた（鯨ら　未発表）．

5. 根系の生育と収量

　収量はいくつかの構成要素から成立しており，それぞれの収量構成要素は環境要因の複雑な変動に影響されているため，収量と根の相互関連性を理解することは非常に難しい．これまでの研究によれば（川田ら 1978），収量段階によって根系の形態は異なり，単位面積当たりの収量が600 kg/10 aレベルまでは，うわ根（superficial root）の量と収量との間に正の相関が認められるが，それ以上の収量レベルでは，うわ根以外の要因が重要であることが指摘

されている．長野県伊那市のコシヒカリ栽培では，化学肥料を用いた多収の実績が示されている．そこで，1992年に998 kg/10 aの収量を示した圃場において，1999年の出穂期に根重の階層分布を調査したところ，株間における総根重が極めて多く，ほとんどの根が表層から10 cmの階層に分布していた（Kujira *et al.* 2000）．また，収穫期の株直下における根重は，標準栽培より著しく多く，とくに表層10 cm以内に分布する根重の割合が非常に大きかった．このコシヒカリの根系から採取した出液中に含まれるサイトカイニン（cytokinin, t-ZR）の含有量も高いことから，根の活力が高いことや，根量の分布構造の特徴が収量に何らかの影響を及ぼしていると考えられる．

鯨　幸夫（金沢大学教育学部）

引用文献

片野　学ら 1983. 日本作物学会東北支部会報 26：1-4.
川田信一郎ら 1978. 日作紀 47：617-628.
川田信一郎 1982. イネの根. 農文協，東京.
鯨　幸夫 1989. 日作紀58（別1）：24-25.
鯨　幸夫 1990. 農業および園芸65：1193-1195.
鯨　幸夫ら 1996. 日作紀65（別1）：196-197.
Kujira Y. *et al.* 1996. The 4th European Society for Agronomy, Book of Abstracts 1：254-255.
鯨　幸夫ら 1998. 北陸作物学会報33：72-74.
鯨　幸夫ら 2000. 北陸作物学会報35：16-19.
Kujira, Y. *et al.* 2000. Abstracts of 3rd ICSC. 156.
津野幸人・小田正人 1985. 鳥取大学農研報38：1-10.

第13章　陸稲の栽培と根系

　陸稲（upland rice）は，日本国内では北関東や南九州の一部で，餅・あられなどの原料用に糯品種が栽培されている．全国の米生産に占める割合はきわめて小さいが，野菜との輪作や省力的な栽培といった点で利点がある．海外をみると，東南アジアでは丘陵地帯を中心に米生産の1割程度を担っており，中南米のように米生産の多くが陸稲栽培によっている地域もある．

　陸稲は，水田のイネである水稲と，コムギ・トウモロコシなどのイネ科畑作物との中間的な特性を持っており，長年の水稲研究でイネの形態・生理生態の知見が蓄積しているわが国の農学研究者にとっては，大変興味深く，かつ有益な研究対象である．国内では数年に1度の割合で，降雨の不足による減収が問題となるが，茨城県生物工学研究所は，旱ばつ条件下で稔実率を低下させないために深根性が重要であることを示すとともに（平山ら1995），ゆめのはたもちという耐乾性に優れた品種を育成した．国際稲研究所（IRRI）や国際熱帯農業センター（CIAT）でも，日本人研究者が根に関連した陸稲研究で成果をあげている（近藤2000）．

1. 陸稲栽培における障害

　陸稲栽培で生育初期に発生する問題は，過湿障害である（金1990）．これは，陸稲に限らず，乾田直播した水稲幼植物を急激に湛水したときにもみられる場合があり，葉の黄化などの症状が現れる．陸稲や乾田直播したイネでも，根の皮層には通気組織（aerenchyma）が形成されるが，幼植物では，地下部の急激な酸素欠乏への順化に時間がかかるものと考えられる．また，火山灰土壌などの酸性土壌では養分欠乏によって生育が著しく抑制されることがあり，このような圃場では熔燐施肥などで補う必要がある．その一方で，石灰による土壌中和はむしろ鉄欠乏をひき起こし，葉の黄化などの症状が発生する．

　これらの問題は，根の形態・生理や土壌からの養分吸収にかかわる問題で

あり，根の研究が重要と考えられる．また，病虫害についても，ネアブラムシやセンチュウ類など，根につく土壌動物が重要な問題となる場合がある．

以下では，こうした陸稲の根にかかわる問題の中から，耐乾性（drought resistance）をとりあげて紹介する．なお，第11章「根型育種と栽培管理」も関連の話題であるので参照されたい．

2．耐乾性と根系

（1）耐乾性と深根性

植物の旱ばつへの抵抗は，おおむね表13.1に示した四つの戦略の組合せとして考えられる（O'Tool and Chang 1979）．このうち第1の戦略が狭義の耐乾性（drought tolerance）であり，主に生物工学的な手法で研究が積み重ねられつつあるが，個体全体としての生存あるいは収穫ということを考えるなら，表中の第2，第3の戦略のように，新葉とか穂など重要かつ若くてストレスに敏感な器官を強いストレスにさらさなければ被害を軽減できるということになる．陸稲でこれまで主に効果を上げてきているのは，早生品種の導入などによって受精のような重要な時期が旱魃期にかからないように時間的に乾燥を避けるphenology的な「回避」（escape）戦略である（新妻1981，金1990）．本章の主眼となる根をよく張らせて土壌中の水をかき集めるという方策は第2の戦略に属するもので，早生化戦略のあとを追う2番手として，育種学・作物学的研究が積み重ねられているところである．

作物の茎葉部では，光エネルギーの利用効率を高めるために，葉面積という量的形質に加えて，高さ別の葉の分布や直立性といった「形」の形質が重要であることがよく知られている．根も養水分の吸収を考えると，量だけで

表13.1 植物の耐乾性戦略

1. 狭義の耐乾性（drought torelance）：組織・細胞自体が水ストレスに強い
2. 重要かつ弱い組織に水をまわす（drought avoidance）：高い集水能力，貯水，枝葉への水供給の打ち切りなど
3. 回避（escape）：水ストレスに敏感な生育段階（発芽，受精など）を雨水のある時期にあわせる．早生化など．
4. 回復（recovery）：乾燥が解除されたのち，迅速に成長する．

なく，土壌中でどのような分布をするかが問題となる．旱ばつ時の土壌は表層から乾燥するため，地下水位が極端に低い乾燥地は別として，一般には根系が土壌深層まで発達している方が有利である．陸稲では，1994年の旱ばつ下において土壌深層の根量が多い品種ほど稔実率が高く維持されたことが報告され，深根性の重要性が確認されている（平山ら 1995）．

しかし，深根性であっても，茎葉部が過度に大きく蒸散という水の支出が大きい品種は，個体全体でみた耐乾性は期待できない．早生で茎葉部がコンパクトで深根性という形が，耐乾性の点では有利と考えられる．ただし，ここで注意すべきことは，早生であることや葉茎部がコンパクトであることは，深根性とは相反するトレードオフの関係が予想される点であり，また，そのような品種は充分な降雨がある条件の良い年に高収量は期待できないという懸念がある．

以上は，ある程度生育の進んだ段階になってから降雨のない日が続く状況を想定しての議論であり，別の状況では表層の「根長密度」（第3章）が多いことが効率的吸水に重要な可能性もあるが，以下，本章では，深根性に的を絞って話を進めることとする．

（2）個根の形態と根系の分布

深根性が重要であるとして，具体的にどのような根が集まれば深根性の根系ができるのか．これは幾何学的に考えれば明快で，根の伸長方向が下方を向いていることと，根が長いことの2点が必要である．さらに後者は，根の伸長速度が大きいことと，伸長の持続期間が長いことの二つのファクターに分けて考えることができる．実際の畑作物の根は，伸長の角度も速度も経時的に動的に変化するのでそう単純ではないが，大筋としては，伸長角度・伸長速度・伸長期間の三つで決まると考えてよい．

多くのイネ品種を同一の畑で栽培すると，深根性の程度には品種による変異がみられ，遺伝的な要因が関与していることが分かる（Nemoto *et al.* 1998）．近年では「根の深さ指数」（第3章）により深根性の統一的評価が可能となっている（小柳 1998）．筆者は，圃場で深さ指数の異なるイネ品種について，伸長角度や根の伸長の動態を調査した．伸長角度は，圃場に埋め込ん

だ調理用のザルの中央部に播種し，それぞれの根がザルのどの目を通過するかで角度を推定するバスケット法（basket method, Nakamoto and Oyanagi 1994, 第3章）により評価し，一方，根の伸長の動態は一連の塩ビ管（長さ1m）に土を詰めて栽培し，5日あるいは10日ごとに数個体ずつ採取し，根を洗い出して長さを測定した．その結果，深根性の品種は水平方向に対する根の伸長角度の平均値が大きく，根も長く伸びる傾向が認められたが，浅根性の品種の中には，伸長速度が小さい品種のほか，初期には伸長速度が大きいにもかかわらず早く伸長速度が低下する（すなわち伸長の持続期間が短い）ことで結果的に根が短くなるものがあるなど，品種によって制限要因は異なっていた．

これら根の深さにかかわる要因のうち，伸長角度には各々の根の傾斜重力屈性（plagiogravitropism）が強くかかわっていると考えられ（Oyanagi et al. 1993, Nakamoto and Oyanagi 1994），重力感受の場である根冠の係りが注目される．水稲では根の直径と伸長方向とのかかわりが以前から検討されているが，陸稲の根においても根冠の大きさと伸長角度とに関係がみられることが報告されている（荒木ら 2000）．

（3）茎葉部の形態と根系

根系は，出現時期を異にする，角度・長さ・齢（age）の異なる根の集合体であるため，個体レベルの研究では，その分業体制の解明が重要である（Oyanagi et al. 1993, Araki et al. 2000）．同時に，こうした根の特性は，根の母胎となる茎の形態形質にも影響されると考えられる．とくに茎の直径は，水稲ではしばしば根の直径と正の相関をもつため（根本・山崎 1989），重力屈性にも影響すると考えられる．また，個根のサイズ（節根の分枝根も含めた長さ・重さ）は茎直径と相関をもつことが分かっている（森田ら 1997）．陸稲でも，品種間で比較すると平均茎直径と深さ指数との間に相関関係がみられたほか（阿部ら 1998），出葉や分げつ発生のペースは新しい節からの発根のタイミングにかかわるため個々の根の伸長持続期間に影響する可能性が高く，深根性の陸稲品種には出葉間隔の長い品種がみられる．

ただし，インド型品種やausで深根性とされる品種には，早生で，茎が比較

的細いものがある（Kondo et al. 2000）．こうした品種の研究が，コンパクトな茎葉部，早生，深根性という要件を兼ね備えた陸稲品種育成への足がかりとなることも期待できる．

葉茎部の形質は，個根の発生とその後の物質分配を通して根系の形づくりに密接かつ動的に関与していると考えられ，さらにできあがった葉茎部と根系の比率や相互のコミュニケーションが，蒸散と吸水のバランスに影響している．

（4）側根や根の内部形態

根系はその骨格となる主軸根（イネ科作物の種子根や節根の根軸部分）と，その上に形成されて表面積を拡大し養水分の吸収に寄与する側根（lateral root）から構成される．前節までは根系の骨格の話であったが，さらに，土壌の深層に達した根が，そこでどれだけ側根を発達させるかが吸水には重要である．同じ畑条件下で栽培しても，陸稲品種は水稲品種より側根が発達しており，とくに根の先端側でその差が顕著である（阿部ら 1994）．側根の発達はしばしば主軸根の直径に影響されることから（川田ら 1980），陸稲の根が水稲品種に比べて太いことも側根が良く発達する一因と考えられる．

また，陸稲では品種により細胞壁の修飾などに変異がみられ，今後，耐乾性との関係を明らかにしていく必要がある（Kondo et al. 2000）．

（5）遺伝的要因と環境要因

ここで取りあげた形質は，ひとつには遺伝的要因に支配されるものであり，品種間差の解明や遺伝学的アプローチが必要である．一方，根の生長は，土壌の理化学性，耕起・施肥管理，降水量，地温といった地下部に関わる環境要因はもちろん，日射量や栽植密度といった地上の環境要因にも影響される．さらに，各環境要因への応答は品種によって異なるので，陸稲や天水田稲の深根性にかかわる遺伝的要因・環境要因とその交互作用の解明には，国際稲研究所（IRRI）をはじめ多大な労力がかけられている（近藤 2000，鴨下 2000，第11章参照）．

なお，側根に関しては，主軸根の伸長が抑制される乾燥条件下で補償的に発達することがある．Morita et al.（1997）はコムギ品種農林61号で乾燥条

件下における主軸根の伸長抑制と側根の発達を確認し，分枝根による総根長の確保が乾燥が解除された後の吸水に寄与している可能性を示唆した．陸稲でも乾燥による側根の発達が認められている（阿部ら 1994）．乾湿双方のストレスにさらされる天水田（rainfed lowland）のイネでも，乾燥に対する側根発達の可塑性が着目されている（Bañoc et al. 2000）．

阿部　淳（東京大学大学院農学生命科学研究科）

引用文献

阿部　淳ら 1994. 日本作物学会紀事 64（別1）: 200-201.
阿部　淳ら 1998. 根の研究 7 : 134.
Araki, H. et al. 2000. Plant Prod. Sci. 3 : 381-288.
荒木英樹ら 2000. 根の研究 9 : 208.
新妻芳弘 1981. 畑作全書　雑穀編　オカボ　基礎編. 農文協，東京. 329-333.
Bañoc, D. M. et al. 2000. Plant Prod. Sci. 3 : 335-343.
平山正賢ら 1995. 育種学雑誌 45（別1）: 218.
鴨下顕彦 2000. 根の研究 9 : 57-60.
川田信一郎ら 1980. 日本作物学会紀事 49 : 103-111.
金　忠男 1990. 農業技術 45 : 422-427.
近藤始彦 2000. 根の研究 9 : 47-56.
Kondo, M. et al. 2000. Plant Prod. Sci. 3 : 437-445.
森田茂紀ら 1997. 日本作物学会紀事 66 : 195-201.
Morita, S. et al. 1997. J. Agric. Meteorol. 52 : 819-822.
Nakamoto, T. and Oyanagi, A. 1994. Ann. Bot. 73 : 363-367.
Nemoto, H. et al. 1998. Breed. Sci. 48 : 321-324.
根本圭介・山崎耕宇 1989. 日本作物学会紀事 58 : 440-441.
O'Tool, J. C. and Chang, T. T. 1979. In Mussell, H. and Staples, R. C. eds. Stress Physiology In Crop Plants. J. Wiley and Sons, New York. 373-405.
Oyanagi, A. et al. 1993. Environ. Exp. Bot. 33 : 141-158.
小柳敦史 1998. 日本作物学会紀事 67 : 3-10.

第14章　コムギの栽培と根系

1．根系の構造と発達

（1）種子根の生育

　コムギ（*Triticum aestivum*）の根系は種子根（seminal root）と節根から構成される「ひげ根型根系」（fibrous root system）である．たとえば，イネは種子根が1本のみであるが，コムギの種子根は5～6本である（図14.1）．これらの種子根の多くは，胚の中にすでに始原体が形成されているが，出根時期が遅い種子根の始原体はみられな

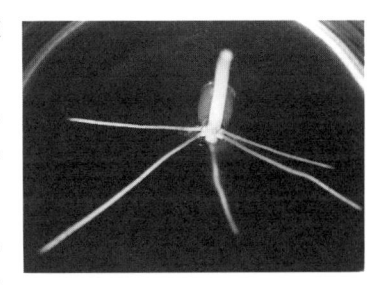

図14.1　コムギの種子根

い．種子が吸水すると1～2日で胚から白い根鞘が現われ，その中から1本の初生種子根（primary seminal root）が出現する．その後，初生種子根の基部の両脇から2本の第1対生種子根が伸び始め，さらにその外側からもう2本の第2対生種子根が現われるほか，もう1本の種子根が出ることが多く，その場合には種子根は合計6本となる．

　初生種子根は強い重力屈性反応を示す傾向があり，発根してしばらく横方向や斜下方向に伸びる場合も，しだいに下方向に向きを変え，最終的には土壌中を真下に向かって伸びる．一方，第1対生種子根は初生種子根より浅い角度で伸び，第2対生種子根はさらに浅い角度で伸びていく．このように，コムギの種子根は傾斜重力屈性（plagiogravitropism）を示して様々な角度で土壌中を伸びる結果，全体として広い根域を確保する．

　また，下方向に伸びていく初生種子根を切除すると，第1対生種子根や第2対生種子根が対照区のものより下向きに伸びる（Nakamoto *et al.* 1994）．すなわち，一部の根に何らかの障害が起きた場合は，それぞれの根が補償的な生長を示し，あたかも全体として調和が取れているように根域が確保できる

ような生育を示し，生育初期に機能の高い種子根系（seminal root system）を形成する．種子根の寿命（longevity）についてははっきりしていないが，少なくとも生育後半まで，場合によっては収穫期まで機能していると考えられる．

（2） 節根の生育

種子根とともにコムギの根系を構成しているのが，節根（nodal root）である．節根は，冠根あるいは不定根と呼ばれることもある．通常の栽培条件の場合，それぞれの節から2～3本程度の節根が生じる結果，ドリル播きの場合，主茎の節根が15本程度，分げつの節根が20本程度で，最終的には1個体で25～45本程度となる．種子根と合わせると，根系全体を構成している根は，合計30～50本程度となる．

コムギの茎葉部は，形態的な単位であるファイトマー（phytomer）の積み重ね構造として理解することができる．第n番目のファイトマーの葉が出現を始めたとき，第（n-3）番目のファイトマーから節根が出現し，第（n-6）番目のファイトマーの節根から1次側根が分枝を始める．たとえば，第9葉が抽出中には，第6節から節根が生じ，第3節の節根から1次側根が出現する（藤井1958）．節根の分枝程度は種子根よりも低いが，節根の中で比べると下位の節根ほどよく分枝する（森田1997）．

種子根と節根は直径が異なり，種子根は直径が0.2～0.3 mmと細く，節根は0.5～0.7 mmと太いものが多い．根の組織構造は種子根と節根で共通しており，外側から表皮，皮層，中心柱によって構成される．表皮からは根毛が生じる．皮層の最内層である内皮にはカスパリー線が形成され，吸水通導に関係している．また，中心柱には水を通す導管と同化産物を通す篩管がある．

種子根は生育の初期に根系の主体をなし，土壌の深層まで達してそこから養水分を吸収するのに対して，節根は生育の中後期に多くなり，土壌の比較的表層に分布する（森田1997）．コムギの節根を切除して種子根のみで生育させてもある程度の収量が得られるが，通常，根系に占める割合は種子根に比べて節根の方が多いことから，節根は種子根より茎葉部の生育や収量への寄与が大きいと考えられている．

（3） 根量の形成

　秋播きコムギの茎葉部重は越冬後に大きく増加し，出穂期以降も増加を続ける（図14.2）．これに対して，根は地上部より2～3週間早く増加を始めるが，出穂期以降になるとほとんど増加しなくなる．根系全体の根の長さも，3月以降急激に増加して，出穂期には6～10 km/m^{2}程度となり，その後は若干の増加がみられるだけである．ただし，根量は出穂期に最大となり，その後は増加しないという報告がある一方，出穂期以降，収穫期までの間に1割程度増加するという報告もあり，詳細は明らかでない．最終的には茎葉部の乾物重は1,000～1,500 g/m^{2}程度に，また根の乾物重は50～100 g/m^{2}になるので，根の乾物重は茎葉部の乾物重の5～10％である．このように，茎葉部が出穂期以降に2倍程度に増加するのとは対照的に，出穂期以降の根量の増加は少ない．

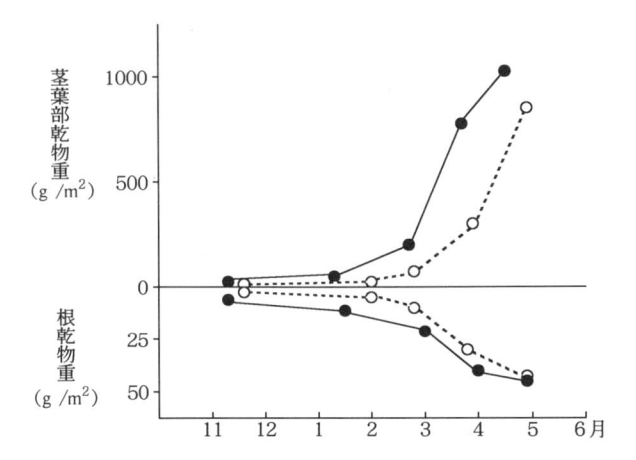

図14.2　コムギの生育に伴う茎葉部および根の乾物重の推移
●：早播区，出穂期は4月下旬，○：遅播区，出穂期は5月上旬．

2. 土壌環境による根系の変化

(1) 養水分の影響

根系の形成には，土壌の物理化学性が大きく影響する（図14.3）．土壌の種類が異なる圃場ではコムギの根系形態が大きく異なる．たとえば，可給態リン酸が不足しやすい黒ボク土では，生育初期の根系発達が貧弱であり，最終的にも根量が少ない．また，根は細く，根系は浅い．土壌硬度が大きく窒素が不足しやすい赤黄色土では，根が太く，根系は深い．水田圃場などに多い灰色低地土では，根量が多く，太い根が多い（Sato *et al.* 1990）．

窒素肥沃度の低い土壌では根量が少なく根系が深いが，耕起前に窒素を施肥すると根量が増加し，根系は浅くなる．窒素肥沃度が高い圃場では窒素施肥は根量に影響を与えないか，逆に根量を減少させる．土壌中に堆肥があるとその部分で根量が多くなるが，同様の現象はリン酸や窒素肥料でも認められる．この現象を利用して，コムギの条間に窒素追肥を行うことで根系の横方向への広がりを大きくすることもできる．これは，施肥によって根系形態

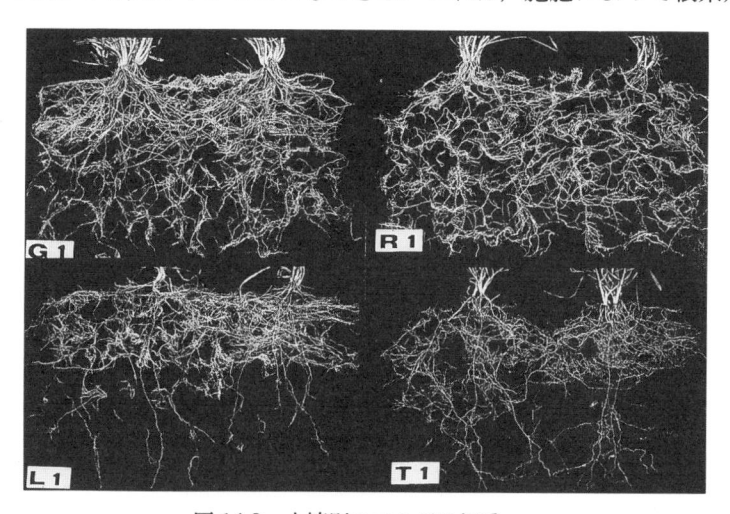

図14.3 土壌別のコムギの根系
G1：灰色低地土，R1：赤色土，L1：淡色黒ボク土，
T1：厚層多腐植黒ボク土（Sato *et al.* 1990）．

を制御した一例といえる．

　根系の発達は，土壌水分の影響も受ける．乾燥土壌では根系が深く，根が細く，側根が多くなるのに対し，湿潤土壌では根系は浅く，根が太く，品種によってはイネの冠根でみられるような通気組織が発達することがある．

（2）土壌硬度の影響

　根の生長と根系の発達には，土壌硬度（soil hardness）が大きな影響を与える．コムギの根は他の作物と同様，山中式土壌硬度計で 20 mm の硬さ（圧力で約 2.0 MPa）になると伸長が 80 ％程度に阻害され，22～23 mm（圧力で約 2.2～2.3 MPa）で約 30 ％になり，25 mm（圧力で約 2.5 MPa）ではほとんど伸長しない．

　一般に不耕起栽培（nontillage cultivation）では，作土にあたる土壌表層 15 cm 程度における土壌硬度が耕起栽培より大きく，前作の残渣などが土壌中にすき込まれることがないため，養分が土壌表層に多い．このため，不耕起栽培した作物の根系の多くは，土壌表層に分布する傾向がある．たとえば，夏作のダイズではこの傾向が著しく，土壌表層に根が多い．しかし，コムギの場合，関東地方など冬季に降水量の少ない地域では，不耕起栽培しても土壌の表層における根量の増加が少ないため，根系全体が著しく浅くなることはない．

3．根系形態の遺伝的改良

　コムギは世界中のあらゆる環境条件下で生産されており，日本でも北海道から九州までの広い範囲で栽培されている．このため，各地域では，それぞれの気候・気象条件に合った品種が栽培されている．したがって，これらの品種は生態的特性が大きく異なり，同じ条件で栽培してもそれぞれ固有の根系形態を示すことが多い．

　たとえば，東北地域などの寒冷地で栽培されている品種は深い根系を作ることが分かっているが，種子根が早く深くまで達することが，霜柱による凍上害を防ぐために役立っていると考えられている．また，関東や九州などの品種は浅い根系を作ることが分かっているが，これらの地域ではコムギが水

田裏作として栽培される場合が多いため，土壌の過湿に対して有利と考えられる（関塚1950）．また，海外の乾燥地に適した品種は日本品種と比べて根系が深いが，これは土壌の深層から水分を吸収することに適応している．ところが，逆に乾燥地域の品種の方が根量が少ない例も知られている．これは根量が多いと水分浪費型となり，土壌中に蓄えられた水が生育後期の重要な時期まで残らないためであろうと考えられている．

養水分吸収と密接な関係にある根系の深さは，種子根や節根の伸長角度とその長さ，分枝の発達によって決まるが，とくに根の伸長角度は根系の形態に大きな影響を及ぼす．すなわち，重力屈性により根が下方向に伸びる品種は深い根系を形成し，根が横方向に伸びる品種は浅い根系を形成する．この性質を利用して幼植物の種子根の伸長角度を指標として選抜を行えば，深さの異なる根系を形成するコムギ品種を比較的容易に育成することができる（小柳ら2001）．

小柳敦史（東北農業研究センター）

引用文献

藤井義典 1958. 日作紀 27：232-234.
森田茂紀 1997. 農業および園芸 72：619-627.
Nakamoto, T. *et al.* 1994. Ann. Bot. 73：363-367.
小柳敦史ら 2001. 日作紀 70：400-407.
Sato, A. *et al.* 1990. JARQ 24：83-90.
関塚清蔵 1950. 育種研究 4：43-46.

第15章 畑作物の栽培と根系

畑地で栽培される作物の種類は多く，その栽培方法も様々である．畑地では，それぞれの地域の土壌や気候・気象の特性に適応した栽培法や作型が多数存在し，それが根系の形態や機能に多様な影響を及ぼしている．たとえば，作物栽培における耕起・整地，施肥，播種・植付け，中耕・培土などは土壌環境に大きな影響を及ぼし，根系の発達や機能を左右する．そのうちで耕起については，不耕起栽培などの土壌保全を目的とした省耕起栽培技術を利用して栽培した作物の根系と，従来の慣行耕起栽培した作物の根系の違いについて，近年南北アメリカにおいて興味深いことが分かってきた．以下では，耕起法のほか，施肥位置や植え付け方法，また中耕や培土が根系形成に及ぼす影響を紹介し，さらに，畑作で重要な根菜類の形状や成分などの改善について解説する．

1. 不耕起栽培による根系の変化

（1）不耕起栽培と根系の深さ

不耕起栽培（nontillage cultivation）は，土壌の流亡を防ぐことを主な目的として，世界の広い地域で導入されている．実際に不耕起栽培と呼ばれている内容には様々なものがあるが，ここでは，播種や移植を行うときに必要な最小限の耕起（たとえば幅4～5cm程度の溝の整形）を行う場合も不耕起栽培として扱うことにする．いずれの場合も，不耕起栽培では作業機械の踏圧によって土壌が締め固められるため，根の発達が抑制されて根系が浅くなると考えられてきた．しかし，本当に不耕起栽培で根が浅くなるのだろうか．

図15.1は，不耕起栽培したダイズ（*Glycine max*）と，慣行耕起栽培したダイズの土壌表層における根系を上からみたものである．不耕起栽培したダイズでは，下胚軸から発生した不定根や，主根の付け根部分から発生した1次側根が水平方向に伸び，そこから多くの長い2次側根が発生していた．茎葉部の生育が不耕起栽培と慣行耕起栽培で変わらない場合は，土壌表層の根量

(118)　第15章　畑作物の栽培と根系

は不耕起栽培で多くなる傾向が認められる．一方，ある程度深い土層における根量は，不耕起と慣行耕起栽培との間でほとんど差がない場合が少なくない．根系の重心に相当する根の深さ指数（第3章）を指標として不耕起栽培し

図15.1　慣行耕起栽培（左）と不耕起栽培2作目（右）の土壌表層のダイズ根系
耕起直後（不耕起栽培区は前年夏作前）にザルを土中に埋設し中央に播種，莢肥大期に掘り取った根系を上方より撮影（淡色黒ボク土）．

表15.1　不耕起畑および慣行耕起畑における作物の根の深さ指数[1]

作物名	調査時期	慣行耕起	不耕起	土壌の種類	気象状況	備考
マメ科作物						
ダイズ	開花期	15.0	12.9	淡色黒ボク土	夏期小雨	不耕起1作目
ダイズ	開花期	12.2	9.2	淡色黒ボク土	標準年	不耕起9年目（17作目）
ラッカセイ	9月上旬	14.8	13.7	淡色黒ボク土	夏期小雨	不耕起10年目（19作目）
ダイズ	収穫期	10.8	9.0	灰色低地土		不耕起3作目
イネ科作物						
トウモロコシ	播種後63日	10.5	10.1	多れき質のAlfisol		不耕起2年目連作区
同上	同上	10.9	11.5	同上		不耕起2年目前年キマメ区
トウモロコシ		30.1	23.2	Raub silt loam	やや乾燥	不耕起8年目
オオムギ	出穂期	13.7	13.2	淡色黒ボク土		不耕起8年目（16作目）
コムギ	登熟期	8.4	8.9	灰色低地土		不耕起3作目
水稲	収穫後	6.8	5.5	泥炭土		不耕起3作目

1) 根を調査した深さが引用のデータごとに違うため，各データ間の比較はできない．
　耕起法間の比較のみ可能（辻博之1998より一部改変）．

たイネ科作物の根系の深さを評価すると，慣行耕起栽培とほとんど同じである場合が多い．これに対して，不耕起栽培したダイズでは，いずれの条件でも慣行耕起栽培より根系が浅くなっていた（表15.1，Oyanagi *et al.* 1993）．

（2）深根形成のメカニズム

以上のように，不耕起栽培で根系分布が浅くなるかどうかは作物の種類によって異なる場合があるが，これは，その作物が土壌深層まで伸びる根を何本持っているかによって左右されると考えられる．不耕起栽培では土壌表層に硬い層ができることが多いが，同時にそこに亀裂ができたり，ミミズや作物の根が作る土壌孔隙（soil pore）が増加するため，作物の根がこのような連続した孔隙を通って深層まで伸長すること（Nakamoto 1997）や，そのため不耕起栽培では慣行耕起栽培に比べてより硬い土壌に根が伸びていること（Ehlers *et al.* 1983）が知られている．

ダイズのような主根型根系（main root system）が土壌深層で発達するかどうかは，主根が深層まで伸長するかどうかと，その主根から発生する1次側根が発達するかどうかで決まる．発芽直後のダイズの主根が表層の硬い土壌を貫通できずに屈曲した場合は，その後に亀裂や孔隙を利用して下方に伸長することができても，屈曲した部分より先から発生する側根は貧弱になる．また，不定根や，主根基部から発生した1次側根の発達は旺盛になるが，それらの根の伸長方向はトウモロコシなどに比べて水平に近く（辻ら 1996），まれに下方に伸長しても，側根の発達は主根に及ばない．

一方，ひげ根型根系（fibrous root system）を持つイネ科作物では，種子根と節根が根系の枠組みを形成する．トウモロコシ（*Zea mays*）で最も深いところまで到達できる根は，初生種子根（primary seminal root）のほか，比較的初期に発生した節根であることが多い（Araki *et al.* 2000）．このように複数の根が土壌深層まで伸びる可能性を持つイネ科作物では，ある根が硬い土壌を貫入できなくても，別の根が亀裂を通ったり，降雨後などの土壌が比較的膨軟となる時期に深層まで到達する機会を持ちやすい．

2. 不耕起栽培における深根化の試み

　ダイズのような主根型根系の作物を不耕起栽培すると，根系が浅くなりやすい．とくに，発芽後数日以内に何らかの理由で主根の伸長が停止した場合は，深層における根系の発達が極端に貧弱になる．このような根系を持ったダイズは，降雨が多い時期は旺盛な生育を示すが，その後，短期でも干ばつに遭遇すると大幅な減収につながる危険性がある．そのため，播種機にディスクを取付け，播種溝の下方にスリットを作ることでダイズの主根を下層へ誘導する技術の導入が検討されている．小柳ら（1998）は，転換畑において播種溝の直下に深さ10 cmのスリットを作る播種機を用いてダイズを播種したところ，スリット無しの場合より根の分布が深くなったことを報告している．

　また，パラグアイの南東部テラロッシャ土壌（赤褐色を呈した重粘土壌）地域では不耕起栽培を積極的に導入することで，平均3 t/haにせまる収量を1987年以降10年間以上も継続してあげている．しかし，近年はしばしば低収がみられるようになってきた．調査の結果，表層土壌の硬化による主根の伸長抑制やねじれ・くびれが高い割合で認められており，夏期に短期間の干ばつにあったときに減収すること明らかになってきた（関ら 2001）．そのため，ここでも播種溝の改良による根系の深根化が検討され，改良型播種機の導入が始まっている．

　そのほか，トウモロコシでは生育途中に畦間の心土破砕や深層施肥を行うと，深層における根系が旺盛に発達することが報告されている（山根ら1996）．

3. 栽培管理と根系形成

　施肥方法には様々な様式があり，基肥の与え方だけでも播種溝条施肥，側条施肥，全層混和施肥などがある．根の周りに適度な肥料がある場合には側根の発達が旺盛になるが，高濃度の肥料がある場合には根の発達が抑制され，肥料濃度が高すぎる部分を避けるように分布する．石塚ら（1964）によれば，硫酸カリや過燐酸石灰に比べて硫安は低濃度で根の伸長抑制を起こしやすい．

3. 栽培管理と根系形成　　（ 121 ）

また，チモシーやムギ類に比べてテンサイでは，高濃度の肥料が存在しても根の生長が抑制されない．

　植付け方法が異なると，根系の広がりに違いがみられる．図15.2は，キャベツ（*Brassica oleracea* var. *capitata*）を不耕起畑と慣行耕起畑に直播した場合と，苗を移植した場合の根系の広がりを比較したものである．直播キャベツの根系は，移植に比べて比較的広範囲に根が伸長している．耕起法が異なると根の垂直分布に違いがみられるのに対して，植付け方法が異なると水平方向への根の発達に差が認められる．

　中耕（intertillage cultivation）作業は，除草を主な目的として行われる．土壌表層に根系が広がるダイズ（*Glycine max*）では，中耕・培土などの作業が遅れるとしばしば根を切断することになるため，8葉期以降の作業は減収につながる危険性が指摘されている（島田1985）．それ以前の中耕や培土は，不定根の発達を促すほか，転換畑や重粘土壌では土壌中の酸素不足を緩和する効果

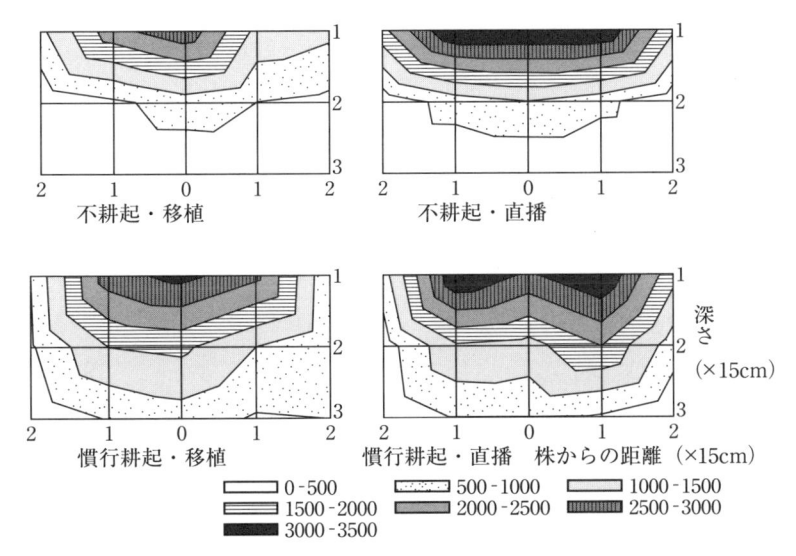

図15.2　耕起法，植付け方法が異なるキャベツの根系分布イメージ
圃場にアクリル板を垂直にさし込み，5cm離れたところにキャベツを植え付け，収穫期にアクリル板面に露出した根系を画像解析により判別し，根と判別された画素数を求めた．図中の単位は225cmあたりの画素数（北海道農研センター・生産技術研究チーム）．

が大きい（島田 1985）．培土が根粒着生に及ぼす効果は，不定根の増加に伴う根粒着生が増加するのに加えて，不定根からの養水分吸収が増加することが茎葉部の生育と光合成能力を高め，すでに主根部に着生している根粒菌の窒素固定を長く持続させる効果もある（土田・有島 1993）．

4．根菜類の根系と育種

（1）根菜類の根系

根菜類（root crop）にはダイコン，ニンジン，テンサイなどのように主根が肥大するタイプと，カンショ，キャッサバなどのように不定根が肥大するタイプとがある．また，主根が肥大する根菜類には，テンサイのように大きな形成層輪を形成しながら同心円状に中心から周辺部に向かって肥大する作物，ダイコンのように形成層内側の木部が肥大する作物，ニンジンのように形成層外側の篩部が肥大する作物がある．このほか，バレイショや，サトイモなどのように塊茎を収穫対象とするものも，根菜類として分類する場合がある．

根菜類は同一作物の中にも用途によりきわめて多様な形状や性質を持つものが利用されてきており，ダイコンにおける守口ダイコン，桜島ダイコンなどはその典型といえる（松本 1976）．

（2）テンサイの根系と育種

テンサイ（*Beta vulgaris* L. var. *saccharifera*）は，冷涼な諸国・地域で栽培される糖原料工芸作物である（図15.3）．日本では北海道のみで約7万ha栽培されており，コムギ，バレイショ，マメ類と並ぶ重要な畑作物である．収穫対象とされる主根は短円錐から円錐型を呈し，根長が 20 cm，根周が 40 cm，根重は概ね 700 g 程度で，表面は乳白色を呈し，重量ベースで 16 % 前後の糖分（sucrose）を含む．主根の両側の側溝から養分吸収を担当する側根が発生し，その広がりは約 1 m に達する．側溝には土壌が付着し，精糖効率が悪化する一因とされる．

北海道のテンサイは，直播栽培より紙筒移植栽培が一般的である．これは，移植栽培すると苗立ちが確保でき，栽培期間が長くなることによって 10 % 程度増収するからである．しかし，移植栽培はコストと労働力の制約があるこ

とから，近年は直播栽培が見直されている．移植栽培すると主根が太くなり，側根が増加し，直播栽培すると側溝が浅くなるが根が長くなり，収穫機によって主根先端部が切断される．なお，日本以外では直播栽培が一般的であり，ドイツ，オランダではほぼ不耕起で直播栽培されることもある．しかし，直播したテンサイでは，土壌のpHの低下に伴って溶脱したアルミニウムが根の養分吸収を妨げ，初期生育を阻害することが報告されており（梶山ら1999），今後，石灰資材の施肥や，酸性耐性に関する選抜育種を検討する必要がある．

図15.3 直播栽培テンサイの育成系統「モノホマレ」

根系に対する育種的なアプローチとしては，収量性や耐病性をあげることのほか，直播栽培では低温発芽性や根長抑制，移植栽培では側溝を浅くする努力が重ねられている．また，テンサイ栽培では施肥量が多く，茎葉部のすき込みが後作に与える影響が大きいため，品種と施肥効率の関係解明および施肥効率が高い品種の開発や，茎葉部重/根重比（S/R比）を低下させ，収穫部分の根の比率を大きい品種を開発することが重要である．

辻　博之・大潟直樹（北海道農業研究センター）

引用文献

Araki, H. *et al.* 2000. Plant Prod. Sci. 3 : 281-288.
Ehlers, W. *et al.* 1983. Soil Tillage Res. 3 : 261-275.

石塚喜明ら 1964. 土肥誌 35：159-164.
梶山　努ら 1999. てん菜研究会報 41：53-59.
松本正雄 1976. 野菜全書　ダイコン・ニンジン・カブ・ゴボウ, 生育のステージと生理生態 Ⅲ. 肥大根の発達と生理, 農文協, 東京. 39-56.
Nakamoto, T. 1997. Jpn. J. Crop Sci. 66：331-332.
Oyanagi, A. *et al.* 1993. Jpn. J. Crop Sci. 62：565-570.
小柳敦史ら 1998. 日作紀 67：49-55.
関節朗ら 2001. 熱帯農業 45：33-37.
島田信二 1985. 農業および園芸 60：569-573.
土田　宰・有馬泰紘 1993. 土肥誌 64：20-26.
辻　博之 1998. 農業および園芸 73：919-923.
辻　博之ら 1996. 日作紀 65（別1）：42-43.
山根　俊ら 1996. 農作業研究 31：39-47.

第16章　野菜の栽培と根系

1．セル成型苗の根系

（1）野菜生産とセル成型苗

　最近の輸入野菜の増加といった外国からの圧力や，農家の高齢化にともなう労働力不足というような産業構造的な問題が，日本の野菜生産を揺るがし始めている．これらの諸問題に対抗するために，生産現場では，とくに省力化・機械化が強く求められており，野菜の苗生産においてセル成型苗（plug seedling）が急速に普及している．これは，セル成型トレイに設けられたセルという小型区画に培土を充填し，そこに播種して育成した苗である（図16.1）．この育苗法が普及してきたのは，規格化された苗をまとめて大量に生産することができ，育苗から移植までの作業が機械化しやすいからである．すなわち，セル内に根が張ることによって培土の形を崩さずにトレイから引き抜くことができるという特性が，効率的な機械移植を可能にしている．さらに，苗

図16.1　セル成型トレイで育成したキャベツの苗

を一括大量生産して,それぞれの栽培現場へ供給する分業システムの確立も検討されている.いずれにしても,トレイ1枚当たりの苗数が多いほど生産・流通に有利なため,苗の小型化が進んでいる.現在,移植機器との適合性を考慮して590×300 mmのプラスチックトレイに128, 200, 288個のセルをもつものなどが規格として普及している.

(2)「苗の老化」と根の活力

　セル成型トレイは1株あたりのセル容量が小さく,根域(rooting zone)が制限されるため,根の生育が抑えられやすい.また,培地の温度,水分含量,養分濃度などの根域環境も不安定になりがちである.そのうえ,株間が狭いので地上部も密植状態となりやすい.そのため,セル成型苗は移植に適した期間が短く,①苗の生産と出荷が短期間に集中する,②悪天候などで移植適期を逸する可能性が大きい,③流通に時間をかけられないなどの点が,苗の生産・流通における大きな課題となっている.なお,移植が少しでも遅れると地上部が過繁茂や徒長を起こし,葉が小さくなったり下葉が脱落する.また,根がセル内で巻きながら伸びて塊状の「根鉢」(root ball)を形成し(図16.2),根の活力が低下した苗となる.このような現象は「苗の老化」と呼ばれている.老化した苗は移植した後の生育も不良となり,収量の低下が懸念される(次節参照).

　ポットを用いた慣行的な育苗でも,根域が制限されると移植後の生育が劣り,収量が低下することが以前から指摘されていた(加藤・楼 1987).セル成型苗の場合も根域が著しく制限されることが「苗の老化」の最も大きな原因

図16.2　キャベツのセル成型苗における根鉢の形成
左から播種後2,4および6週間目

だと考えられるが，苗の活力の調査が容易でないため，その実態やメカニズムは明らかではない．そこで，呼吸速度（第6章）や出液速度（第6章）を測定して，セル成型苗の根の活力を評価することを試みた．キャベツの種子を128穴セル成型トレイに播種して人工気象室（気温20℃・相対湿度70％）で生育させ，1株当たりの根系（根鉢）の呼吸速度を測定したところ，播種後6週目まで苗の生育に伴って呼吸速度が増加した．このことから，狭いセルの中でも根が伸長・分枝を続けていることが推測される．しかし，同齢の苗について出液速度を測定すると，移植適期とみなされる播種後4週目までは苗の生育に伴って出液速度が増加したが，移植適期を過ぎた播種後5週目以降になると出液速度の増加は認められなかった．このように，根の活力が停滞する現象は「苗の老化」を示している．良質なセル成型苗を生産するために「苗の老化」を防ぐという観点から，移植適期に達した苗を10℃前後の低温で貯蔵し，苗の品質を長期間維持して移植適期を延長する方法が用いられている．ただし，暗黒条件となる冷蔵庫による貯蔵では，茎葉部の徒長や黄化による品質の低下が避けられないので，貯蔵中に$250lx$以下の弱光照射を行うことが提唱されている（古在ら1996）．

(3) 苗移植後の根系の改善

　苗の品質向上とは本来，「よく育った苗を育成すること」というより，むしろ「移植後の生育が良好である苗を生産すること」である．「苗の老化」が移植後の根系形成に与える影響を明らかにするために，播種後2，4，6週目のキャベツのセル成型苗を移植して2週間後に根の生育を調べたところ，播種後2週目の苗の場合は主根あるいは数本の1次側根が著しく伸長しており，これらの根から細くて短い2次側根および3次側根が発生しているのに対し，移植を遅らせた場合は，根鉢から細くて短い側根が大量に発生していた（図16.3）．このことは，「苗の老化」が進むと移植後に根が細かく分枝する傾向が強く，根系全体の根量は少なくないが，個々の根の伸長が抑えられることを示唆している．そのため，根域が土壌中に拡がりにくく，移植後長い時間が経っても根系分布が深くならない（吉岡ら1998）．

　キャベツの場合，根系が浅いと倒伏や株抜けが起こり，省力化のための機

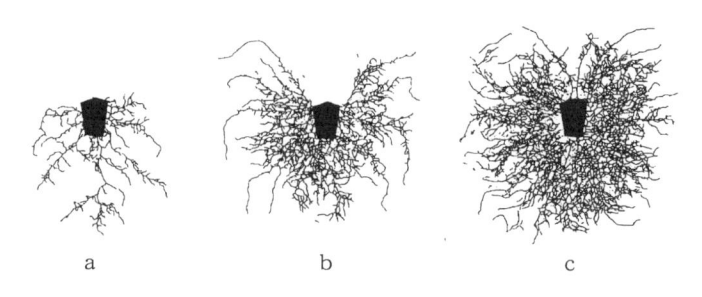

図16.3 育苗期間が異なるキャベツのセル成型苗を移植して2週間後の根系
a：播種後2週間目の苗を移植した場合，b：同4週間目の苗，c：同6週間目の苗

械収穫に大きな障害となるため，根系を深くまで発達させることが必要である．また，移植後すぐに新しい根を生育させて根域を広げることは，養水分吸収を活発化させて土壌環境の変動に耐える強健な植物体を育てることにつながるはずである．そこで，老化苗の根鉢を部分的に切除して側根数を減らしてから移植してみたところ，移植直後の発根数は少ないものの，長く伸長して数多くの側根をもつ根の発生がみられた．このことは，根系を構成する一部の根に生育のために必要な養分を集中させることができれば，移植後に形成される根系の構造を改善できる可能性を示唆している．

ただし，根鉢を切除するような乱暴な処理を行うと，地上部と地下部のバランスが崩れ，移植後の植傷みによる生育停滞が起こって収量が低下する危険性があるので，ケミカルコントロール（chemical control）などの効果的な処理法を確立する必要がある．一例を挙げると，根の伸長を抑制する銅化合物を含む根域制限用塗料（商品名スピンアウト™,Griffin Corporation/長瀬産業株式会社）をセル成型トレイに塗布して根鉢の形成を抑制することにより「苗の老化」を防ぐことができるとされている（後藤1999）．そこで，キャベツ苗の育成に塗布トレイを用いたところ，移植後に発生する根量は若干少なくなったものの，播種後4週目に移植した苗では数本の根がよく発達し，根系構造が改善される傾向が認められた．ただし，苗の老化が進んだ播種後6週目の苗の場合は効果がみられず，無処理トレイの苗と同様に，根鉢から細くて短い根が大量に発生する根系が形成された．

セル成型苗の品質を維持しながら，移植後すみやかに根を広い範囲に発達させて根系構造を改善する実用的な方策は，いまだに開発されていない．今後は，老化苗を移植すると根の伸長が抑制されて分枝する傾向が認められるメカニズムを解明し，根系構造を改善する方法を確立していく必要がある．このような技術が確立すれば，乾燥地農業や沙漠緑化など多方面におけるセル成型苗の移植技術にも応用することができる．

吉田　敏（九州大学生物環境調節センター）
中野明正（野菜茶業研究所）

2．施肥管理と根系の生育

（1） 施設園芸における施肥問題

日本における野菜生産が衰退傾向を示すなかで，ガラス温室（温室）とプラスチックハウス（ハウス）で行われる施設園芸（protected horticulture）は1960年代から盛んになり，現在，その栽培面積は5.4万ha，全野菜栽培面積の11％を占めている．施設園芸は今後もさらに発展していくと考えられるが，露地栽培ではみられなかった新たな問題も生じている．

施設園芸では，高品質の農産物を生産するために多肥の傾向が認められるだけでなく，バランスの取れていない施肥が行われるために，土壌化学性が悪化し，根系にストレスがかかっている場合が多い．野菜の連作障害をみると，土壌化学性が悪くなること自体に由来する障害は比較的少ないものの，土壌環境の悪化が病害の発生を誘発している場合が多い．たとえば，塩類集積（salt accumulation）による根の活力低下は，養分吸収を抑制するだけでなく，作物が土壌病原菌に感染しやすくさせることが指摘されている（堀1994）．したがって，土壌化学性の改善は，野菜の持続的生産における重要な技術的課題となっている．

施設土壌における塩類集積については，ビニールハウスの普及に伴って1960年代から各地で調査が行われてきた．その結果，硝酸イオンやリン酸イオンの集積が報告された他，硫酸イオンが土壌溶液の電気伝導度（electric conductivity：EC）を上昇させる一因となっていることが指摘されている（瀧

1992). また, 施肥の様式や体系が異なる7つの県の施設土壌について塩類集積の現状を分析した結果, 施設土壌には露地に比べて6倍の塩類が集積しており, 残留イオンの組成も不均衡になっていることが分かった (中野ら 2001 a). そのため, 塩類集積を改善するための除塩や客土が試みられてきたが, いまだ根本的な解決には至っていないのが現状である.

(2) 低硫酸根緩効性肥料と根の生育

以上のように, 化学肥料由来の過剰なイオンにより, 根にストレスがかかることが多い. このストレスを軽減するための一つの方法として, 緩効性肥料 (slow-release fertilizer) の使用が検討されている. 緩効性肥料には, 窒素自体が化合物として組み込まれている CDU (cyclo-di-urea) などの窒素縮合型と, 肥料の粒がポリオレフィン系の薄膜で覆われている LP ロング (チッソ社製肥料) などの被覆型の2種類がある. いずれも, 主に窒素成分の溶出を緩やかにすることによって, 根系にかかるストレスを抑えようとするものである.

このほか, 硫酸イオンや塩素イオンなどのように過剰になりがちな副成分を極少量しか含まない肥料を施用する, いわゆるノンストレス施肥法が提案され (小野・森1996), 実用化も検討されている. また, このような考え方に基づいて, 肥料中の過剰な硫酸イオンをケイ酸イオンで置き換えた低硫酸根緩効性肥料 (low-sulfate slow-release fertilizer : LSR) が開発されている. 過剰の肥料 (1.5 gN kg 乾土$^{-1}$) を, 従来から使用されている CDU 化成としてトマトに施肥すると, 根系は定植時のセル苗の範囲から出ることができず, 根系に極度のストレスがかかっていた. 一方, 同量の肥料を LSR で与えると, 根系発達の抑制が CDU の場合より緩和されていた. また, それぞれの肥料が土壌の化学性に及ぼす影響を, 年2作で3年間, 圃場栽培条件で調査した結果, LSR 施肥すると塩類集積が軽減する傾向が認められた (中野ら 2001 a). なお, LSR を施用しても顕著な収量の増加は認められず, 6作目でようやく LSR の方が多くなる程度の差であったが, 尻腐れ果は常に LSR 施用で少なかった. 出液速度 (第6章) は LSR 施用で高くなり, トマトの良品果実の収量に対して出液速度をプロットしたところ正の相関関係が認められ, 根圏環境

の改善が収穫物の品質に好影響を及ぼす可能性が示唆された．

（3）養液土耕栽培と根の生育

先にみた LSR の利用は，施肥の質的な側面を適正に制御しようというアプローチである．施肥管理としてもう一つ考えられるのは，量的な制御を行うことである．すなわち，とくに生育初期に根系にかかるストレスを軽減する手法として，養液土耕栽培（drip fertigation）の適用を試みた．養液土耕栽培は，原液タンク中の濃厚な液肥を潅水中に流し込んで，希釈してから施肥を行う方法である．海外では野菜栽培でよく利用されており，日本でも導入が進みつつある．

養液土耕栽培で無機および有機の液肥を少量ずつ土壌に還元していくシステムを作り，トマトの根系形成および収量に与える影響を検討した．

無機液肥として養液土耕用の化学肥料を，また有機液肥としてコーンスティープリカー（Corn Steep Liquor：CSL）を用いた．CSL というのは，トウモロコシを原料とするコーンスターチ製造工程から生じる副産物であり，含有窒素の約9割が有機態窒素である．慣行の化学肥料の全層施肥も含めて，

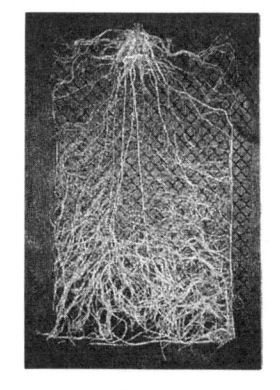

基肥区　　　　　　無機養液区　　　　　　有機養液区

図 16.4　液肥の日施用が根系形態に与える影響（セル成型苗移植後 30 日目）
基肥区：粉末化成肥料を混合したもの，無機養液区：大塚液肥（OK-F-1），有機養液区：コーンスティープリカー（CSL）すべて，0.5g N plant^{-1} で施用した．縦棒は 5cm に相当する．

（中野・上原・山内 2000）

それぞれを根箱法で比較したところ，根の深さは，慣行の全層施肥区，無機液肥区，有機液肥区の順で深かった（図16.4，中野ら2000）．このとき，CSL処理によって根が肥大した．この点に関しては詳細な検討が必要であるが，太い根が形成されると高次の側根が形成され，養分吸収量が増加したり，地上部支持力が増大して収穫の作業性が向上したり，根が物理的に強くなって罹病性が減少する可能性がある．

さらに，普及型の灌水施肥装置を使用して圃場レベルでの収量を検討した．無機および有機液肥を1日1株当たり窒素で平均140 mg相当量を施用した結果，CSLを唯一の肥料源としてトマトの養液土耕栽培が可能であった．このような有機養液土耕栽培（organic fertigation）では，土壌酵素（プロテアーゼ，α-グルコシダーゼ，β-グルコシダーゼ，フォスファターゼ）の活性が高かった．このとき，点滴で供給されたCSL由来の有機体窒素が分解され，無機体窒素が継続して供給されたため，通常の収量を維持できたと考えられる（中野ら2001 b）．

また，無機および有機養液土耕区では，慣行の全層基肥区に比べて尻腐れ果率が減少し，トマトの良品果実の収量が増加した（中野ら2001 c）．尻腐れ果の発生要因としては，果実のカルシウム（Ca）含有率が低いことが指摘されており，養液土耕区の果実のカルシウム濃度は高く維持されていた．また出液速度（第6章）は，尻腐れ果率の低い養液土耕区で高かった．全層基肥区では根圏の浸透圧が高まることによって水およびカルシウムの吸収が阻害されている可能性がある．現在，尻腐れ果の発生を抑制するために，果実へ塩化カルシウムが散布されているが，根圏環境を改善してカルシウムの吸収を高めるという根本的な対策が必要である．無機および有機養液土耕栽培を行うと，灌水部分に根が集中するため養分が効率よく吸収される．また，肥料成分が少しずつ添加されるため根にかかるイオンストレスが軽減される．これらの結果，尻腐れ果の発生が抑制されると考えられる．

中野明正（野菜茶業研究所）

3. 養液栽培と理想型根系

　養液栽培 (soilless culture) は土壌を用いない栽培法であり，面積としては日本の施設園芸全体の2％を占めるに過ぎないが，理想的な生育環境を作り出して高い生産性を達成している．養液栽培は，培地の有無により固形培地耕と水耕とに大別される．たとえば，サラダナの水耕における S/R 比は，湛液水耕（根を大量の培養液に浸漬する）＞NFT水耕（少量の培養液を栽培ベッドに流す）＞噴霧耕（根に培養液を噴き付ける）である (Kim et al. 1995)．また，湛液水耕では根の伸長が速く，根毛はほとんど発生しない．また，NFT水耕や噴霧耕などのように空気中の酸素を根に吸収させる方法では，湛液水耕の植物体の1/2の根量でそれと同等の地上部生育を支えることが可能で，根毛を形成し，根の寿命も長い（山崎 1986）．

　養液栽培で最も一般的なロックウール耕は，固相率が約4％と小さく，保持している養液は主に pF 2.0 以下の作物の吸収しやすい状態にあり，根の伸長に理想的な培地と考えられている．通常のトマト隔離土耕栽培では1株当たり30Lもの土壌を要するが，少量頻繁給液を行うロックウール栽培では，1L程度の培地容量でトマト栽培が可能となる．また，養分，水分，酸素ストレスを与えずにキンギョソウ (Antirrhinum majus) を湛液水耕で栽培し，生育に対する根域容量 (30 − 1000ml) の影響を土耕栽培と比較すると，土耕栽培では容量が小さいほど生育が抑制されるのに対し，養液栽培ではその抑制程度は小さい (Goto et al. 2000)．根域を縮小することによって起こる生育への影響は，養水分が根域の外から根表面へ移動する速さによって説明できる．湛液水耕においては,培養液を静止状態にすると生育が抑制され，液を流動させると強制通気と同等の生育をする．また，培養液の攪拌速度の増加により，根の水および NO_3^- 吸収速度は増加する（中野ら 2001 a,b,c）．これらのことは，養液を流動することによって，根表面への酸素・無機イオンの輸送効率が向上することを示している．培養液ではなく，作物の根自体を移動させても同様の効果が認められる．レタス植物体の移動速度を大きくすると，高濃度培養液（園試処方1/2濃度：N 121 ppm）では過剰塩類によるとみられる根

腐れ症状が生じるが，低濃度培養液（園試処方1/4, 1/48濃度：N 61ppm, 5ppm）では生育促進が見られる（景山ら 1996）．したがって，培養液の最適な流動速度は，培養液の濃度に依存していると考えられる．これらの結果は，養液流動により，根の表面に形成される酸素・養分の低濃度層が破壊され，酸素・養分吸収が促進されることを示唆している．しかし，根表面の境界層（根面境界層）の詳細や，養液の流動が根に与える物理的な影響などについては，よく分かっていない．

　養液栽培した作物の根の形態は，土耕栽培のものと大きく異なっている．一般に，養液栽培では土耕よりも根の伸長が速く，それぞれの根は細長くなる（図16.5）．また，側根が少ないため根端数が少ないが，1次側根の根端分裂組織の細胞数は土耕のものより多い（景山・小西 1988）．このような形態的な差異は，土耕栽培に比べて養液栽培の根の方が，茎葉部からの乾物分配が少なくてすむ省資源的なものであることを示唆している．すなわち，養液栽培では根にとって良好な根圏環境が作られ，必要な養水分や酸素が供給されるため，根への乾物分配を減少させても茎葉部の生育を維持することが可能

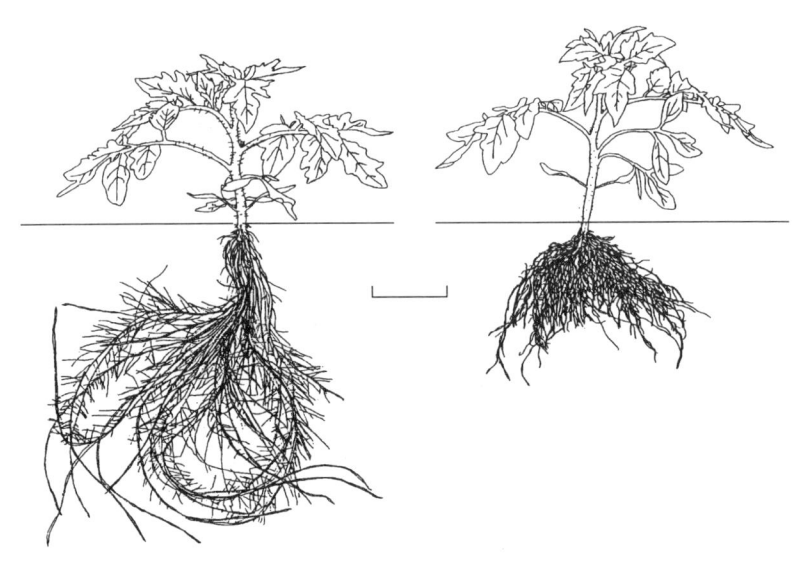

図16.5　養液栽培（左）と土耕栽培（右）のトマト根系　播種後42日目

となる．したがって，そこで形成される根は，制御条件下における理想的根系とみなせる．しかし反対に，このような根系は地上部と地下部の環境が厳密に制御されて初めて力を発揮できるもので，停電やその他の故障によって環境条件が悪化した場合には，対応できないというもろさがある．これに対して，土耕栽培における根系は，安定せず良好でない生育条件に対する適応能力が，養液栽培より大きいと考えられる．

中野有加（野菜茶業研究所）

4．点滴灌漑栽培と根系

（1）環境にやさしい点滴灌漑栽培

世界的にみると，水不足や水質汚染が問題となっている農業地域が少なくない．したがって，作物栽培の改善を考えていく場合，今後は単位土地面積当たりの生産性だけでなく，それ以上に単位水量当たりの生産性を向上させることが重要となる．このような観点から，とくに乾燥地や半乾燥地では点滴灌漑（drip irrigation, trickle irrigation）が注目されている．

点滴灌漑は，灌漑チューブの所々に設けられているエミッター（emitter）という穴から，少量の水を少しずつ吐出する灌漑方法である（図16.6）．根域を中心とする比較的狭い土壌中に，植物が必要とする量だけの水を与えるため，

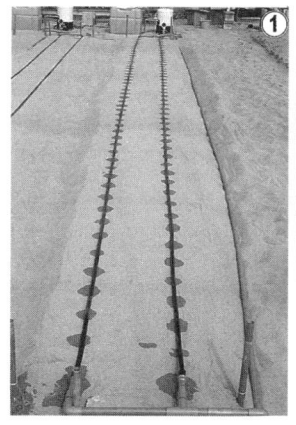

図16.6 砂丘砂に設置した点滴チューブによる灌水（①）と点滴灌漑によるトウガラシの栽培（②）

畝間灌漑やスプリンクラー灌漑に比べて灌漑効率が高く，節水栽培が可能となる．また，点滴灌漑では，肥料や農薬を灌漑水に溶かして施用することが容易で，肥料や農薬を施用する量や時期をきめ細かく調節することができるため，環境に与える負荷も小さくてすむという利点がある．

（2）点滴灌漑栽培による浅根化

作物の根系形成はそれぞれの種に固有な形成パターンを示す一方，環境条件によって大きな影響を受け，可塑性が大きいことも特徴である．とくに土壌環境要因が空間的に不均一であったり，時間的に変化することに対応して，根系の形態や機能も変化する（Coelho and Or 1999, Taylor and Klepper 1973）．土壌環境要因の中でもとくに水の分布は，作物の根系形成に大きな影響を与えることが知られている．

点滴灌漑を行った場合に湿潤となる土壌部分，すなわち湿潤域（wetted zone）は，それぞれのエミッターを中心にして3次元的に分布する．すなわち，湿潤域は点滴チューブの配置，エミッターの間隔，灌水の量および強さによって変化するが，いずれにしてもエミッターの周辺部分に限られる．そのため，エミッターの周辺で根の密度が高くなり（Bar-Yosef *et al.* 1980），灌漑チューブを地下に設置する場合を別にすれば，作物の根系は一般に小型化し，浅根性を示すことになる（Jackson and Stivers 1993, Sutton and Merit 1993）．

（3）点滴灌漑栽培の根系分布

点滴灌漑栽培した作物の根系調査の結果を，いくつかみてみよう．トマト（*Lycopersicon esculenthum*）ではほとんどの根が深さ40 cmまでに分布し，とくに深さ10 cmまでの浅い部分に集中している（Randall and Locascio 1988, Ben-Asher and Silberbush 1992, Oliveira *et al.* 1996）．レタス（*Lactuca sativa*）の根は多くが深さ15 cmまでに分布し（Sutton and Merit 1993），密植した場合は全根長の90％，また全根重の97％を占めていた（Jackson and Stivers 1993）．

著者も，同様の結果を得ている（森田・豊田 1998）．すなわち，沙漠で点滴灌漑栽培したトウガラシ（*Capsium annuum*）の根長密度（第3章）は，土壌表

面から深くなるにつれて比較的緩やかに減少したが，深さ 20 cm 以下では急激に小さくなった（図 16.7）．また，畝立栽培したメロン（*Cucumis melo*）の根長密度は点滴チューブの周辺で大きく，株元から畝の下側や周辺部分に向かって急速に減少していた（図 16.7）．

点滴灌漑で浅根化することは，畝間灌漑と比較すると明らかである．ブドウ（*Vitis* spp.）を畝間灌漑栽培すると，深さ 50 cm までに根全体の 12 % しか観察されなかったのに対して，点滴灌漑の場合には 50 % が分布していた（Araujo *et al.* 1995）．なお，同じ点滴灌漑栽培でも点滴チューブを地中に埋設すると，根系の分布が深くなる．すなわち，点滴チューブを地表に配置した場合には深さ 30 cm までの根長密度が高かったのに対し，深さ 45 cm に点滴チューブを設置すると，30 cm 以下における根長密度が高くなった（Phene *et al.* 1991）．

灌漑位置や灌漑スケジュールのほか，灌漑水の水質も根系形成に影響を与

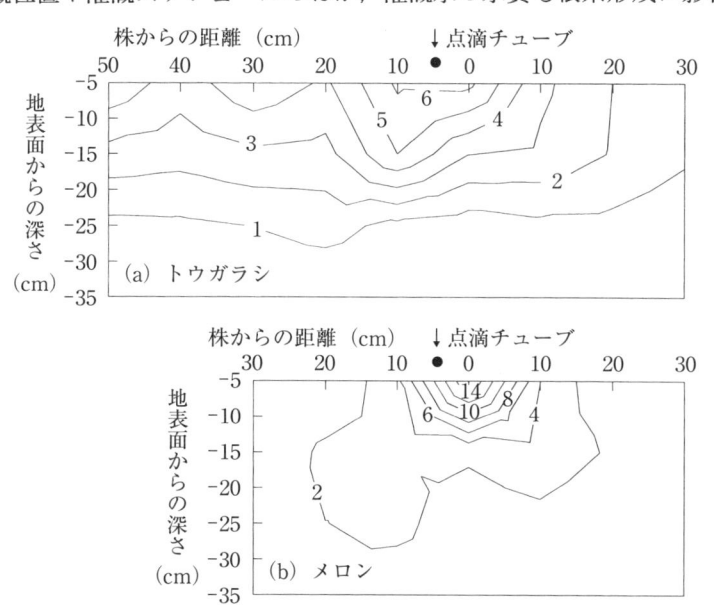

図 16.7　沙漠で点滴灌漑栽培したトウガラシ（a）とメロン（b）の根系の形態と分布
　　　　図中の数字は根長密度（cm/cm³）

える．たとえば，塩水を用いて点滴灌漑した場合，エミッター直下の土壌中の塩類がリーチングされ，湿潤域の周辺部分に集積するため，エミッター周辺に多くの根が分布し，湿潤域の周辺では根が少なくなる．これに対して，塩分濃度の低い水を用いた場合は，湿潤域内に根がくまなく分布するとともに，湿潤域の周辺部分で根の密度が高くなる（Ben-Asher and Silberbush 1992）．

（4） 点滴灌漑による根系管理

フィールドで栽培する作物は一般に比較的大型の根系を持っているが，これは土壌中において養水分が空間的・時間的に不均一に分布することに対する保険のようなものであり，ある意味でバッファーの役割を果たしていると考えられる．一方，点滴灌漑を行うと，すでにみてきたように，根域が小型化する傾向が認められる．このため，点滴灌漑を行っても十分な管理が行われないと，かえって水ストレスがかかったり，栄養的に飢餓状態に陥りやすいという危険性がある（Bar-Yosef *et al.* 1980）．したがって，適切な灌漑設備を設計し，適切な灌漑計画を立案する必要があるが，そのためには根系分布の様相と土壌水分の消費状況との関係を把握しておかなければならない．その場合，根系の分布をどのように把握するかという問題と，その根系分布がどれだけ実際の水分消費パターンを反映しているかという問題がある．とくに後者に関する研究は少ないが，TDR法（Time Domain Reflectometry）を用いて測定した吸水パターンと，根長密度を指標としてみた根系分布が比較的よく一致することが報告されている（Coelho and Or 1999）．

豊田正範（香川大学農学部）

引用文献

Araujo, F. *et al.* 1995. Sci. Hortic. 60：235-249.
Bar-Yosef, B. *et al.* 1980. Agron. J. 72：815-822.
Ben-Asher, J. and Silberbush, M. 1992. J. Plant. Nutr. 15：783-794.
Coelho, E.F. and Or, D. 1999. Plant Soil 206：123-136.
後藤丹十郎 1999. 農耕と園芸 54（4）：42-43.
Goto, T. *et al.* 2000. Acta Hort. 511：233-238.
Jackson, L. E. and Stivers, L. J. 1993. Biol. Agric. Hort. 9：273-293.

堀　兼明 1994. 土肥誌 65：578-584.
景山詳弘・小西国義 1988. 園学雑 57：408-417.
景山詳弘ら 1996. 園学雑 65（別2）：344-345.
加藤　徹・楼恵寧 1987. 生物環境調節 25：19-23.
Kim, K. *et al.* 1995. J. Korean Soc. Hort. Sci. 36：548-554.
古在豊樹ら 1996. 34：135-139.
森田茂紀・豊田正範 1998. 日作紀 67：353-357.
中野明正ら 2000. 生物環境調節 38：211-219.
中野明正ら 2001a. 土肥誌 72：237-244.
中野明正ら 2001b. 土と微生物 55：19-25.
中野明正ら 2001c. 土肥誌 72：385-393.
中野有加ら 2001. 生物環境調節 39：199-204.
Oliveira, M. R. G. *et al.* 1996. J. Amer. Soc. Hort. Sci. 121：644-648.
小野信一・森　昭憲 1996. 土肥誌 67：371-376.
Phene, C. J. *et al.* 1991. Irrig. Sci. 12：135-140.
Randall, H. C. and Locascio, S. J. 1988. J. Amer. Soc. Hort. Sci. 113：830-835.
Sutton, B.G. and Merit, N. 1993. Sci. Hortic. 56：1-11.
瀧　勝俊 1992. 農業技術 47：207-212.
Taylor, H. M. and Klepper, B. 1973. Agron. J. 65：965-968.
山崎肯哉 1986. 農業および園芸 61：107-114.
吉岡　宏ら 1998. 園学雑 67：459-461.

第17章 永年生作物の栽培と根系

1. 果樹の栽培と根系

（1） 果樹根系の多様性

「果樹」というのは，果実を食用にするために栽培されている木本植物および永年性の草本植物の総称で，主なものだけでも植物分類学上，数百種に及んでいる．そのため，根系の分布や形態も多様であり，たとえばウメ（*Prunus mume* バラ科サクラ属）やモモ（*Prunus persica* バラ科サクラ属）は浅根性，ナシ（*Pyrus serotina* バラ科ナシ属）やカキ（*Diospyros kaki* カキノキ科カキ属）は深根性であることを栽培上重視している．このような根系の分布は，生育環境や栽培管理によっても影響を受けることが知られている．しかし，これらの影響についての研究は10年生に満たない幼木や若木を対象にされることが多く，成木を対象とした根系の研究は著しく少ない（高橋ら1998）．これは，成木の根系が著しく大きいからである．一般に，果樹の根系調査では根系全体を掘りあげることが多いが（図17.1），この作業は多くの労力を必要とするため，樹齢20年を越える成木の根系を調査した事例は，数えるほどし

図17.1 ウメ樹の根系調査

かない（ウンシュウミカン *Citrus unshiu* ミカン科カンキツ属：菊池ら1966，ナシ：小豆沢・伊藤1983，カキ：佐藤ら1956）．また，幼木から樹齢を追って根系形成を調査した事例は，モモでみられる程度である（寿松木ら1986）．そのため，実際の栽培現場では若木の根系分布を対象とした栽培環境や管理作業の影響に関する調査結果に基づいて，栽培管理の指導が行われている．

　そこで，成木の簡易根系分布調査法を開発するために，パソコンで利用できる簡易画像解析ソフト（WinRHIZO：Regent Instruments inc. www.regent.qc.ca）を利用して根系調査を行った．すなわち，15年以上化学肥料単用処理，バーク堆肥施用（30 t/ha），敷きわら（15 t/ha），オーチャードグラス（*Dactylis glomerata*）草生栽培を行ってきたブドウ園で，ブドウ（*Vitis spp.*：ブドウ科ブドウ属）成木の細根（直径2 mm以下の根）の分布について調査した．1樹当たり12カ所から，深さ0～10 cm，10～30 cmの土壌をオーガーで採取し，採取した土壌の中に分布していた細根を解析した結果，化学肥料単用や草生栽培を継続すると，堆肥施用や敷きわらを行った場合より細根が少なくなる傾向が見られた（平岡ら1999）．また，草生栽培以外の処理区では，毎年，深さ10 cmのロータリー耕を行った結果，草生栽培より深さ0～10 cmの細根が少なかった．

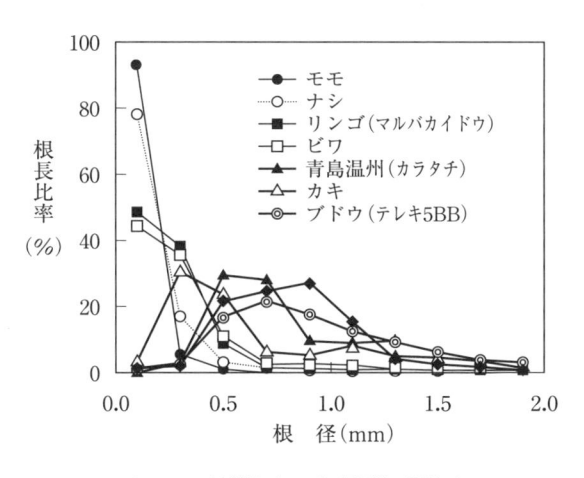

図17.2　果樹細根の根径別根長比率

第17章　永年生作物の栽培と根系

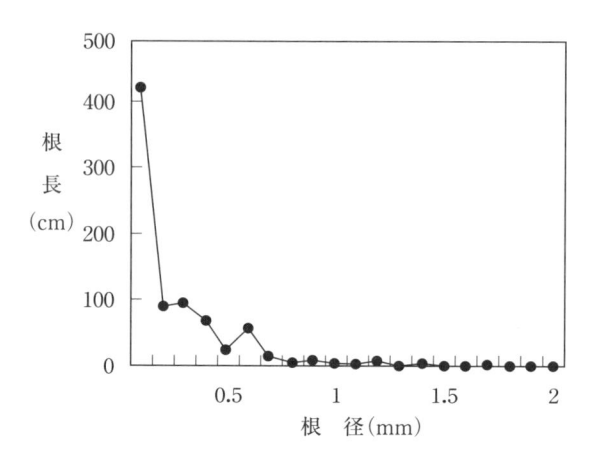

図17.3　モモ樹細根の根径別根長

　同じソフトを使って身近に栽培されている果樹細根の形態を調査すると，同じ細根といっても，直径0.6〜1.2 mmの細根を形成する樹種（キウイフルーツ *Actinidia deliciosa* マタタビ科マタタビ属）と，0.3〜0.6 mmの細根を形成する樹種（カンキツ；カラタチ *Poncirus trifoliate* ミカン科カラタチ属，ブドウ，カキ），0.1 mm以下の細根を形成する樹種（リンゴ *Malus pumila* バラ科リンゴ属，モモ，ナシ，ビワ *Eriobotrya japonica* バラ科ビワ属）とがあることがわかった（図17.2，平岡ら1998）．また，モモの細根の長さを直径別にみると，いくつかの直径で長さのピークが認められたことから，分枝するたびに根が細くなっている様相が理解できた（図17.3）．ブドウでは魚骨型，キウイフルーツでは部分的に二叉分枝的な細根が観察されたが，その他の樹種では，魚骨型と二叉分枝型の中間型であった（図17.4）．

（2）接ぎ木親和性と果樹の根系

　果樹の栽培では，①品種特性を維持する，②繁殖困難な種を増殖する，③開花・結実を促進させる，④樹勢を調節する，⑤環境への適応性を増大させる，⑥病害虫抵抗性を付与する，⑦結果樹齢を短縮する，⑧果実品質を向上するために，必要に応じて，目的とする遺伝的形質を持つ台木（rootstock）に

1. 果樹の栽培と根系　（ 143 ）

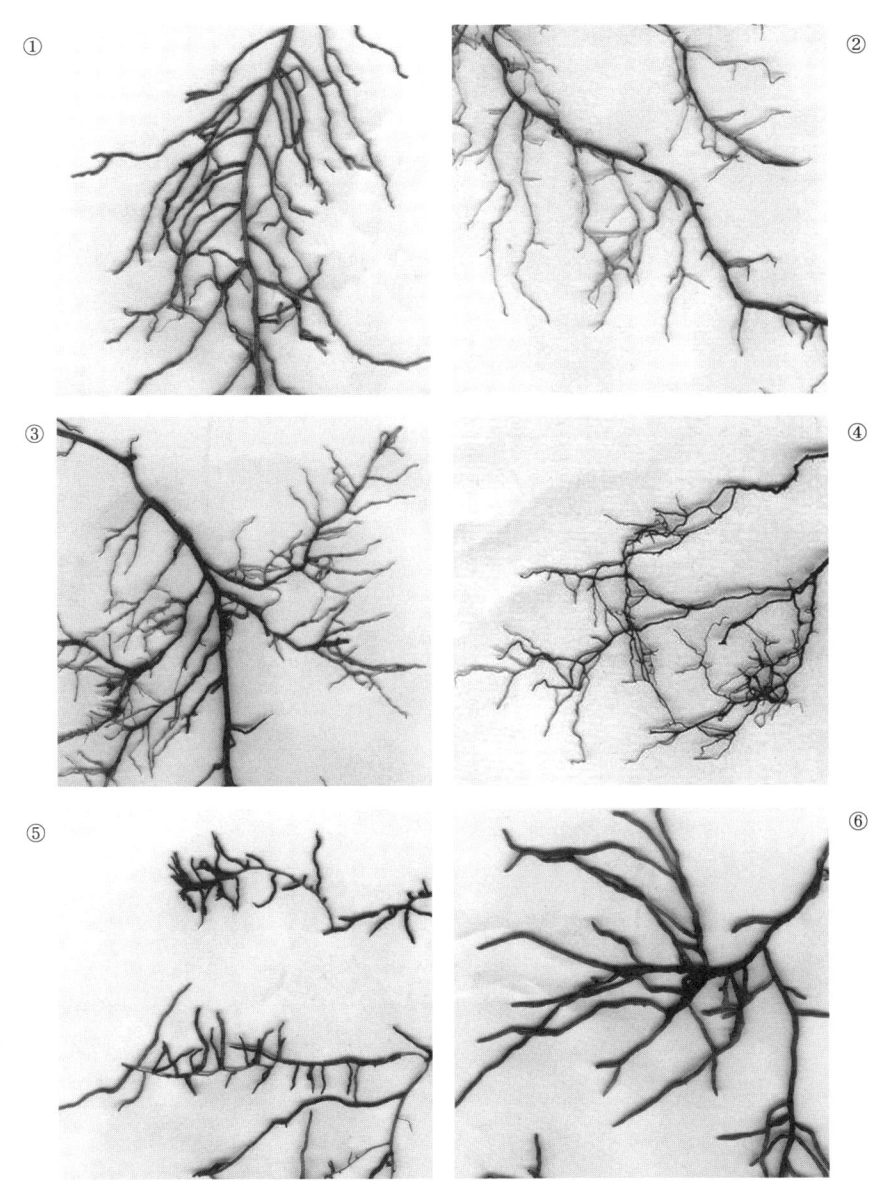

図 17.4　果樹の細根
①ウンシュウミカン，②リンゴ，③ナシ，④モモ，⑤ブドウ，⑥キウイフルーツ

果実の形質が優れた穂木（scion）を接ぎ木した苗木を植栽することが多い．リンゴでは，台木に中間台木（intermediate stock）を接いでから穂木を接いだ苗も栽培されている．また，品種を更新するために，若木や成木に高接ぎ（top grafting）が行われることもある．このため，ほとんどの果樹の根系は，異なる種や属の台木，時には台木と中間台木を併せたものから構成されている．

このような果樹根系の生育や活性は，基本的に台木の形質に由来するものの，地上部となる穂木との関係を無視することはできない．実際，接ぎ木苗を栽培すると，接ぎ木部において台木部と穂木部の肥大に違いが見られる場合があり，台木が穂木より大きいものを台勝ち（rootstock overgrowing scion），小さいものを台負け（scion overgrowing rootstock）と呼んでいる．また，穂木の生育を促進する台木を強勢台木（vigorating rootstock），抑制する台木を矮性台木（dwarfing rootstock）と呼んでいる．このため，台木と穂木との関係は，接ぎ木親和性（graft compatibility）として重視されており，一般に台木と穂木とが植物分類学上近縁であるほど接ぎ木親和性は強く，同種内＞同属異種間＞同科異属間という傾向が認められる．近年，省力化を意図して，リンゴにおいては矮性台木の導入による樹体の矮化が普及し，カンキツやモモなどにおいても同様な特性を持つ台木の探索と栽培試験が行われている．

（3）根系形成と根域環境制御

果樹の栽培は，新規に造成した果樹園の場合も，改植のために老木を伐採した既成の果樹園の場合も，まず，根の健全な生育を促進するために，土壌改良を施した植え穴を掘り，そこに1～2年生の苗木を定植することから始まる．定植した幼木の根域は，定植後1年以内に植え穴の外に達し，樹齢とともに拡大して隣の樹の根域に達する．樹齢10年を越えた成木の根域になると，栽植密度の低い樹種では，1樹の根が専有する面積は$100 m^2$を越え，深さも，土壌が柔らかく水はけの良いところでは3m以上にまで達する．このような園地に生育している老木の根をみると，苗木のときの根が伸長・肥大したと考えられるよく分枝した太い根に加えて，比較的分枝が少なく深くまで伸長しているゴボウのような太い根がみられることがある．このように，

地中深くまで根が伸長した樹体は樹勢が強く，環境ストレスに対して耐性はあるが，反面，品質の高い果実の生産には適さないと考えられている．そこで，このような園地では，土壌表層に根系を形成させて樹勢をおちつかせ，品質の高い果実を安定的に生産するために，苗の根を断根して定植したり，蒲鉾状の高畝に植栽したりしている．

果樹の根の生長は地温の上昇とともに早春から初夏にかけてピークをむかえ（春根），夏に一時停滞するが秋になると再びピークを示す（秋根）ことが，果樹園に設置した根箱を利用した調査から明らかとなっている．しかし，夏季に気温や湿度，土壌水分が急激に変動する園地では，春に伸長した細根なども容易に枯死すると考えられる．また，根系を掘り起こした調査から，養水分吸収を担う細根は地中深くに伸長した太い根には少なく，養分と酸素に恵まれた深さ40 cm程度の幹周辺に多く分布していることがわかっている．このため，細根の多い健全な根系を維持するために，機械化の可能な園地では深さ50 cm程度の溝状の部分深耕を行うことが，また，傾斜地など機械化の困難な園地では短い溝状の深耕（ザンゴウ処理）や穴状の深耕（タコツボ処理）を行うことが指導されてきた．しかし，近年，農家の高齢化を背景に農作業の軽労化・省力化が進み，除草をかねたロータリー耕を行う程度で，深耕（deep plow）は行わない園地も多い．このような場合，根域が浅くなり樹勢が落ち着いて品質の高い果実の生産に好適となることもあるが，土壌表層は温度や養水分量の変動が大きいため，根系はストレスを受けやすくなると考えられる．実際，細根が土壌表層に集中する耕土の浅い園地や地下水位の高い園地では，養水分ストレスが発生しやすい．また，年間10回以上に及ぶ薬剤散布などのために走行する重量機械による踏み固めは，根域土壌の物理環境を悪化させる．深耕を行わない園地では，このような物理環境の悪化を防ぐことは困難である．

（4）根の活性と施肥・灌水

苗木や幼木では，根が伸長している早春に根毛を形成した白く太い根（春根）を容易にみつけることができる．これはやがて分枝し，樹種によっては先端部が0.1 mmより細くなることもあるが，基部表面はコルク化して数mm

以上の太さになる．しかし，成木でこのような根をみつけることは容易ではない．成木で普通に見られる細根は，黄褐色から茶褐色，樹種によっては赤色や黒色に着色しており，表皮が剥がれて根毛はなく，皮層が露出していることも多い．直径 0.5 mm より細い細根の中には，皮層も剥がれて木部がむき出しになっているものさえ観察される．このような根が，いつできたのか，どのような活性が残されているのかなどについては十分な解析が行われていないが，一般に春根は養水分の吸収（吸収根），秋根は光合成産物の貯蔵（貯蔵根）を担っていると考えられている．細根の活性を測定・評価する上で，それが新根か旧根かが重要であるが，果樹では同じような大きさの春根と秋根と旧根が混在し，外見から見分けることは困難である．

　果樹でも，根毛が発達した白色根（white root）は養水分の吸収が盛んであると考えられている．主要な果樹において，春先，このような根の生長が盛んになることから，新たに形成された根系が春の急速な新梢の伸長や新葉の展開を支えていると考えられる．しかし，根の生育が停滞すると考えられる夏季には，春先，伸長した白い根は黄褐色や茶褐色に着色し，根毛は老化・脱落しているにもかかわらず，地上部の枝や葉に著しい萎れなどの変化が見られることはない．夏季の高温・高日射環境下において，葉や枝と根系との間でどのように養水分バランスが維持されているかについては，今後の研究を待たねばならない．根の活性については，トリフェニルテトラゾリウムクロライド（TTC）の還元やα－ナフチルアミンの酸化による発色やワールブルグ検圧法などによる呼吸量の測定が行われている（第6章）．しかし，いずれの手法も，大きな根系のごく一部を切除した細根を試料としているため，得られる測定値はひとつの評価指標にはなるが，樹体全体の活性評価としては利用しにくい．栽培現場では，個体レベルの評価につながるような根系の活性測定法の開発が期待されている．

　根の活動パターンを明らかにすることは，施肥を効率的に行うために重要である．一般に，果樹園では元肥として多くの肥料成分が冬季に施用されるが，これは根の活動が盛んになる春先に根域に肥料成分が行き渡ることを意図している．したがって，施用した肥料成分が冬季の雪によって溶脱するよ

うな地域では,雪解けを待って施肥する場合もみられる.しかし,果樹の根長密度(第3章)は小さく,根が広く深く散在しているため,施肥効率は30～40％程度と考えられている.一方,灌水は土壌の水分状態を適正に維持するように行われているが,糖度の高い果実を生産するために,マルチ処理によって一時的な水分ストレスを樹体に人為的に引き起こすことがある.ただし,過度の水分ストレスを与えてしまうと樹勢が低下し,果実生産が不安定になる.たとえば,ウンシュウミカンではマルチ処理が普及しているが,果実生産量が不安定になる隔年結果(alternate year bearing)が問題となっている.

(5) 剪定による茎葉部根系のバランス制御

根は,光合成産物の生産と蓄積を担う葉や枝に養水分を供給する一方,光合成産物の供給を受けて生長する.このとき,茎葉部と根系の生育の間には,植物ホルモンによるフィードバック制御が働いていると考えられる.春先,地温の上昇に伴って根の伸長や生理活性が高まってくるが,これに引き続いて,地上部では出芽,新梢の伸長,葉の展開が進み,やがて新梢の伸長が停止すると再び根が生長する.このような生育パターンの結果,根にも年輪が形成される.しかし,このような自然な樹体の生育制御の下では,高品質果実を生産することはできない.

品質の高い果実を安定的に生産するためには,剪定による樹形制御が必須の管理作業である.適切に剪定された高品質な果実を生産する樹体では,茎葉部重/根重比(S/R比)が比較的小さいことが,樹体を解体した調査から明らかになっている.ところが,茎葉部重/根重比が大きい樹体に対して,茎葉部重/根重比が小さくなるように枝幹を一時に大量に取り除くような強い剪定を行うと,徒長枝が多数発生して茎葉部重/根重比が大きくなり,花芽が減少して果実収量が減少するとともに,品質も低下する.また,主枝をねかせるほど樹勢は低下して根域が浅くなり,結実性が向上することが知られている.このような経験をもとに体系化された,主幹形,変則主幹形,開心自然形,盃状形などの樹形は人為的なものであり,高品質の果実生産を意識した剪定による茎葉部と根系のバランス制御の結果である.

（6）地表面管理作業と根系

近年，長期間に渡って雨が降らないとか，反対に一時的な集中豪雨に襲われることが頻繁に起こっており，また，夏季には高温となるため，水分や地温などの土壌環境が著しく変動することが少なくない．このような場合には，根系が大きな環境ストレスを受けることになる．そこで，根系が受けるストレスを緩和するために，果樹園の地表面は必要に応じて除草剤を使用して裸地化したり（清耕栽培 clean cultivation），敷きわら等でマルチしたり，特定の草種を播種したり雑草を活かして草地化（草生栽培 sod culture）されることが多い．

実際の栽培現場では，樹冠の下は裸地化あるいはマルチし，樹間を草地化している園地が多い．これは，多くの根が分布している樹冠の下を草地化すると，草と樹木の間に養水分の競合が起こるためである．また，樹間を草地化すれば，管理機による踏圧や日射による過度の地温上昇を抑制することもできる．また，樹冠の下を裸地化していると，春先に地温が上昇しやすいため根の生長を促進すると考えられる．しかし，夏季には逆に温度が上昇しすぎて乾燥し易いので，地温の上昇を抑制するとともに水分の蒸発を抑えるために敷きわらや敷き草などのマルチを行っている．樹冠の下には，果実の糖度を上昇させたり着色を向上させるために防水シートや反射シートが一時的に敷かれることもあるが，これが根系に与える影響については，あまり検討されていない．

（7）根系と他生物との相互作用

いくつかの果樹で，VA菌根菌（vesicular-arbuscular mycorrhizal fungi，第19章）のような共生菌の存在が知られているが，有機物施用や施肥によって土壌の富栄養化が進んだ園地が多くなったため，リン酸吸収の促進などの養分吸収における共生菌の役割は，相対的に低いものになっている．また，果樹において最も有害な寄生菌である紋羽菌は，樹体を枯死に至らしめることから現在でも問題になっているが，土壌消毒等により大規模な発生は見られなくなった．一般に果樹園では，毎年10a当たり2tの有機物施用が指導されているが，紋羽菌など特定の菌の増殖を促進するような未分解性有機物を

避け，十分に腐熟化した資材の投入を奨めている．十分に腐熟化した堆肥には，多様な微生物相が形成され，土壌病害菌の生育抑制効果などが期待できる．また，土壌中の有機態窒素は，土壌微生物バイオマスを介して徐々に無機態窒素として放出されることから，地下水へ過剰な肥料成分が流出しないように化学肥料施用量を削減するための有機物施用技術が検討されている．

　草生栽培用の草種として，アレロパシー（allelopathy）による雑草の生育抑制効果を有するヘアリーベッチ（*Vicia villosa*）が，一部のカキ園で利用されている．ヘアリーベッチは，夏季には枯れて敷き草を敷いたようになり，樹体との養水分競合が少ない．同様に夏季には枯れて敷き草状になるナギナタガヤ（*Vulpia myuros*）は，共生する VA 菌根菌を介してカラタチの根を活性化するとして，カンキツ園用の草種として注目されている．イネ科牧草の利用は，適切な刈り取りにより，園地への多量の有機物供給を可能にするとともに，地中深くに伸長した根が枯れることによって土層内に空隙が形成されるため，土壌物理性の改善につながる．

　モモでは，根の腐敗によって発生する呼吸系阻害剤（青酸，ベンツアルデヒド，安息香酸）やネグサレセンチュウの寄生によって，連作障害（いや地）が発生する．伐採樹の根は紋羽菌の増殖を招くことから，改植時には他の樹種でも伐採樹の根の除去が必須となっている．また，適切な有機物施用により，土壌の透水性・通気性を改善することも障害の回避につながる．

（8）根域制限栽培と根系

　高品質の果実を安定生産するために，根系を限られた土壌領域内で生育させ，集約的な養水分管理を行う取り組みが，いくつかの果樹で行われている．これらは「根域制限栽培」（root zone restrictive culture）と呼ばれ，最初，コンテナのような容器に果樹を栽培する方法（ボックス栽培）が，ウンシュウミカンを中心に検討された．最近は，容器を使用しないで根の伸長を抑制する防根シート（root growth inhibiting membrane）上に盛った土壌に栽培する方法がブドウなどで検討されており，一部の農家に普及している．このような根域制限栽培をした樹体の根系をみると，限られた土壌全体に伸長・分枝した細根が多数密集し，マット状になった根が一塊になっている．また，樹体

図 17.5　防根シートを使ったマンゴの施設栽培

は露地栽培の場合より小さくなるため作業性は良く，剪定も比較的容易で，密植栽培することによって露地栽培並か，それ以上の生産を上げることも可能である．しかし，栽培期間が短くなるため，長期間の栽培を考えると，苗を更新する経費が高くつくことが懸念されている．

　根域制限栽培では，養水分管理が重要であると考えられているが，根系を含めた樹体全体の特性については，調査・研究が進められているところで，不明なところが少なくない．また，高木性のビワやマンゴ（*Mangifera indica*）では，深さ 60 cm 程度の地中に防根シートを埋設した施設に植栽することによって樹形を小型化している事例がある（図 17.5）．このような園地では，主枝をねかせて樹勢を落ち着かせることによって，高さ 1.5 m 程度の樹体で高品質な果実を生産している．

〈平岡潔志（和歌山県農林水産総合技術センター暖地園芸センター）
増田欣也（中央農業総合研究センター）〉

2. チャの栽培と根系

チャ（*Camellia sinensis*）は木本性でありながら，集約的に栽培される需葉作物（leaf crop）である．実際，苗の段階から生育期間を通じて，摘採（新芽の収穫），整枝，せん枝，遮光処理など，収量や品質を高めるための特有な栽培管理が行われている．これらの管理は，いずれも葉層を部分的に切除したり，光合成の阻害を伴う処理であるが，処理の影響は茎葉部よりむしろ根系に強く現われる傾向がある．すなわち，処理の程度に応じて，根量の減少，根域の縮小，活力の低下などを引き起こす（山下1989）．また，細根の分布は狭い畝間に限られるが，畝間の土壌は管理作業による踏圧で固くしまってくる．土壌硬度が高くなることは，あるレベルまではむしろ根の分枝を促進させたりするが，それ以上になると（たとえば山中式土壌硬度計で20 mmを越えると）根の生育は強く阻害される（山下1989）．

以上のように，チャの栽培における管理作業は，根系の生育や機能に対して抑制的に作用するものが多い．そこで，根系の生育や機能を制御することを通じて生育や収量を改善する試みが行われている．以下ではその事例を紹介するが，その前にチャの根系形成について簡単にみておこう．

（1）チャの根系形成

チャの根系は，毎年の生育を周期的に繰り返しながら，長期間にわたって

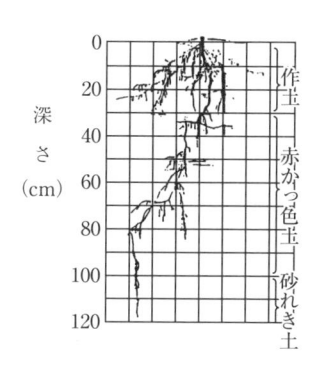

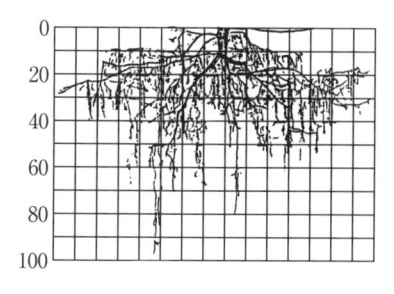

図17.6 実生茶樹（左：樹齢5年）と挿し木茶樹（右：樹齢11年）の根系分布

発達を続けていく．その結果，根系は，木化した太い根（木化根 lignified root）や活力の高い若い根（白色根 white root）など，エイジを異にする根によって構成されるようになる．ただし，同じチャでも，実生から育てたものと挿し木で栄養繁殖したものとでは，根系分布が大きく異なっており，前者は深根化するが，後者は顕著な浅根化傾向を示すことが知られている（図 17.6，志村 1939）．

ここでは，一般的な挿し木で栄養繁殖した場合の根系の形成過程を見てみよう．定植後 3 年目頃になると根量が急速に増加を始め，木化根が根系の大部分を占めるようになる．白色根は 5 年目頃から増加が頭打ちとなり，平衡状態に達する．これ以降，白色根の大部分は，毎年形成されては枯死脱落するという消長を繰り返していくと考えられる．

しかし，根系を構成しているすべての根をエイジ別に分けてそれぞれの重さを比較すると，いずれの樹齢においてもエイジの最も若い白色根が最大量を占めており，このことは生理活性が高い白色根の重要性を示唆している（山下 1989）．また，根系形成を周年的にみてみると，新芽収穫の有無にかかわらず，根の生育は秋季に最盛期を迎える（山下 1989）．

（2）断根処理による根系の更新

長期にわたってチャを栽培すると，狭い土壌領域に根が過密になり，根系の生長が停滞したり活力が低下するため樹勢が減退し，その結果，収量や品質が低下するようになる．このような場合，樹勢を回復するための手段の一つとして断根処理（root pruning）がある．一般に，断根処理は，畝間の深耕を兼ねて行われる．チャは断根処理後の根の再生力が強く，処理後に残った太い木化根の切り口部分だけでなく根全体から根が再生し，多くの白色根が形成される（図 17.7，山下 1989）．この間，茎葉部の生長は一時的に阻害されるが，根系が十分に更新されると茎葉部の発育も活発化する（山下 1989）．

根の速やかな再生を促すためには，適切な断根処理を行う必要がある．たとえば，処理時期，処理強度，処理時の施肥，茎葉部の葉層の有無などを考慮しなければならない（山下 1989）．同時に，根の再生は品種特性や土壌条件などにも左右される（山下 1989）．断根処理後約 40 日で，失われたのとほぼ

同じ量の白色根が回復し，その後さらに根量を増していく（山下 1989）．この過程で，養水分吸収力，アミノ酸や植物ホルモン類の生合成能が回復・向上していく（山下 1989）．

断根処理後に形成される新しい根系は，処理前の根系とは異なる分布の様相を示す傾向がある．すなわち，吸収根である白色根は，量が増加するとともに，分布が深層化する（図17.8，田代 1979）．このことは養水分吸収にとって有利であり，施肥効率の向上や乾燥ストレス耐性の強化などにつながると考えられる．断根処理後1年目は減収となるが，処理による根系機能の改善はすぐに収量の回復・向上へも好影響を及ぼし，処理後2～3年目から一番茶収量は増加に転ずる（田代 1979，山下 1997 a,b）．増収効果がどれくらい持続するかは

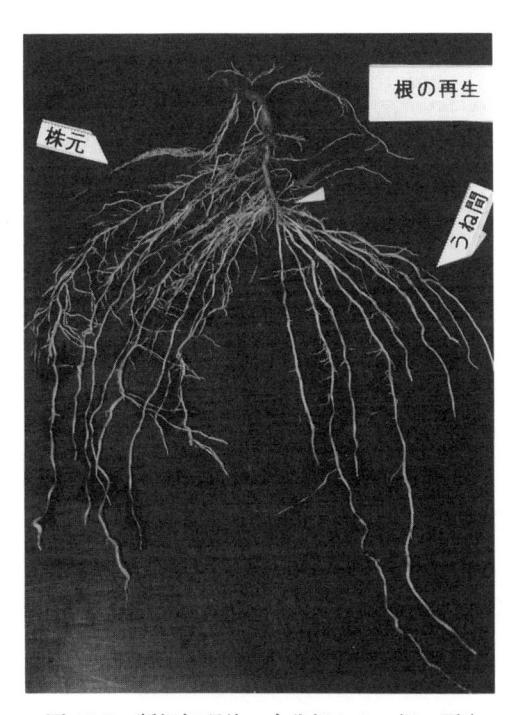

図17.7　断根処理後の木化根からの根の再生
▽：木化根の切断部位

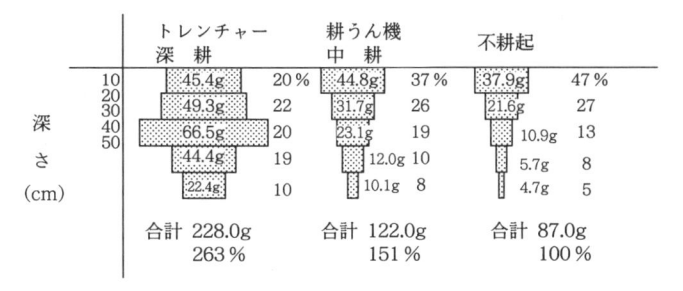

深さ(cm)	トレンチャー深耕		耕うん機中耕		不耕起	
10	45.4g	20%	44.8g	37%	37.9g	47%
20						
30	49.3g	22	31.7g	26	21.6g	27
40	66.5g	20	23.1g	19	10.9g	13
50						
	44.4g	19	12.0g	10	5.7g	8
	22.4g	10	10.1g	8	4.7g	5
	合計 228.0g　263%		合計 122.0g　151%		合計 87.0g　100%	

図17.8　深耕後の細根の深さ別分布（乾物重 g/株）

第17章　永年生作物の栽培と根系

気象条件や病害虫の発生状況によっても左右されるが，その後少なくとも数年間は増加傾向を示す．なお，処理後1年目に生ずる減収の原因は，主として断根によって茎葉部の生育が短期的に抑制されるためと考えられる．

根を対象とする栽培管理である深耕（deep plow）と断根処理は，従来から毎年行うべきとされてきた（大場 1988）．しかし，根系更新の効果の大きさと，短期的に起こる茎葉部の生育抑制を考えると，連続して毎年断根処理を行うことは，樹勢の更新にとってむしろ危険であることが指摘されている．

（3）ポット育苗による根系の変化

チャの苗木生産は挿し木によって行われているが，挿し木苗から発根した根は水平方向となす伸長角度が比較的小さく，根域が浅くなる傾向が認められる．しかし，筒状無底のペーパーポット（直径6 cm×深さ15 cm）に床土を充填し，挿し木苗の根が横方向へ伸長することを制限することで，根の伸長を物理的に下方へ導くことが可能である（図17.9）．また，ペーパーポットの外へ根が伸長する前にポットごと定植することで，その後の生育が遅滞なく進み，しかも，定植後の根の分布が，慣行苗の場合に比べて深くなる傾向がみられる（図17.10，黒木・間曾 1995）

図17.9　ポット苗（右）および慣行挿し木苗の根の生育状況

2. チャの栽培と根系

図17.10 定植後におけるポット苗および慣行苗（標準苗）の根系形成

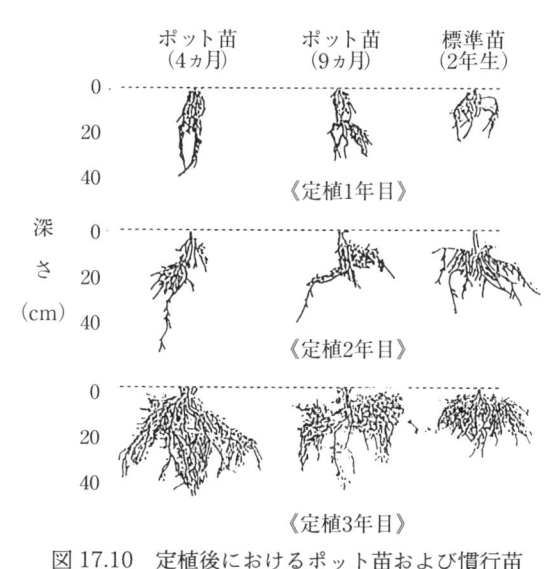

ポット苗を定植すると根の損傷が少なく，深層へ伸長しやすいため，定植後の活着率が高まる．また，育苗期間が短く，茎葉部の競合も少ないため，初期生育が旺盛で，幹の直径は小さいが分枝数が多くなる（黒木・間曾1995）．深型ポット挿し木苗では下層への根張りが促進され（植田・原田1995），定植した年や2年目は寒干害の被害率が低い（瀬川1995）．しかし，深型ポット挿し木苗は従来の挿し木苗（1〜2年生）と異なって育苗期間が5〜6ヵ月と短く，苗も小さいため，定植後の管理作業（除草，防風，病害虫防除）に注意が必要である．

一般に，栽培管理によって作物の根系形成を制御することを通して，茎葉部の生育や収量・品質を向上されることに成功している例は，現在までのところそれほど多くない．これは，根系の形態や機能から茎葉部の生育や収量・品質へ至る道筋にきわめて多くの要因が係っているためであろう．その点，チャは永年生作物であるため，ポット育苗や断根処理のように長期的な見通しを持った根系の制御が可能であり，この効果が比較的はっきりと現われてくる．したがって，チャは，作物生産における根の係りを追究するのに適した作物といえよう．

　　　　　　　　　　山下正隆　（九州沖縄農業研究センター）
　　　　　　　　　　岩切健二　（宮崎県総合農業試験場茶業支場）

第17章 永年生作物の栽培と根系

3. コーヒーの栽培と根系

(1) 傾斜地栽培と土壌浸食

　コーヒー（*Coffea* spp.）は，南北回帰線に挟まれたコーヒーベルト周辺の60数カ国で栽培されており，とくに良質なアラビカ種（*Coffea arabica*）は，標高1,000～1,500 m前後の水はけの良い多雨地帯が産地である．著者が調査研究を行ったスマトラ島南端のランポン県では，標高1,000 m前後の丘陵地帯でコーヒーの栽培が行われている．この地域では，かつては豊かな原生林であった丘陵に火入れが行われ，小規模のコーヒー園が開かれた（図17.11）．水はけの良い急傾斜地では良質のコーヒーができるといわれているためか，傾斜地でコーヒー栽培が盛んである（図17.12）．しかし，傾斜地では施肥を十分に行わないと，10年程度でコーヒーの生産量が半減する．また，当然のことながら，急傾斜地では土壌浸食（soil erosion）が進みやすく，フェラリソル系の赤色土がむき出しになっているところも多い．今から20～30年前までは，原生林に火を入れてコーヒー園を開くと，その土地が比較的簡単に手に入ったのに対して，現在では新たに原生林を伐採することが表向きには禁止されている．持続的にコーヒーを栽培するとともに熱帯林を保護するためには，傾斜地における土壌浸食を防止する必要があろう．

図17.11　丘陵におけるコーヒー栽培
急斜面のため土壌が浸食し，地肌の赤色土壌がむき出しになっているところがある．写真下のコーヒーは耐病性の強いロブスター種．

3. コーヒーの栽培と根系　　（ 157 ）

（2） 灌木間作と不耕起栽培

現地のコーヒー園では傾斜地であっても，しっかり中耕除草を行うことが奨励されている．しかし，急傾斜地で耕起作業を行うことは，土壌浸食を助長することにもなる．そこで，灌木間作（alley cropping）と不耕起栽培（nontillage cultivation）の組合せが，傾斜地におけるコーヒー栽培において土壌浸食防止に有効かどうかを検討した．灌木間作は，傾斜地における土壌浸食を防止するための農法としてよく知られている．これは，等高線に沿って栽植した木本植物を垣根として利用して，土砂の流出をくい止める農法である．

図 17.12　急斜面におけるコーヒー栽培

苗を植え付けてから4年間にわたって調査したところ，灌木間作および不耕起栽培のいずれの場合も収量は低下せず（Iijima *et al.* 1999, 2003），土壌浸食量は灌木間作で約6割，不耕起栽培で約4割減少した．また，両農法を組み合わせると，土壌浸食量が約8割も減少した．したがって，灌木間作と不耕起栽培とを組み合わせると，土壌浸食について5倍も持続性が増加する計算になる．なお，おもしろいことに，不耕起栽培を行うと，統計的に有意ではないが，コーヒーの生育や収量が耕起栽培の場合よりわずかによくなった．そこで，その原因を探るために，根系調査を行った．

（3） 土壌表層の白色根

コーヒーの根の分布を根長密度（root length density, 第3章）を指標にしてみると，土壌表層では不耕起区の方が耕起区よりも約24％根量が多かった（Iijima *et al.* 2000）．これは，耕起区では年に数回行われる中耕除草によって根が切断されるためであろう．根が切断されると側根の形成が促進されることも考えられるが，観察した限りでは側根の発生状況には顕著な差は見られなかった．コーヒーの苗木の根（図17.13）を見ると，茎の基部から発生する

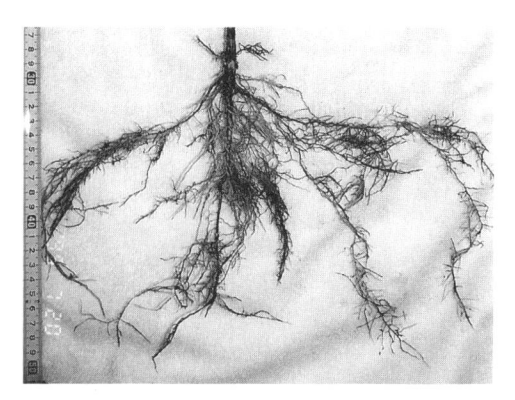

(158)　第17章　永年生作物の栽培と根系

図17.13　コーヒーの苗の根系（約8カ月齢）
播種後1〜2カ月で発芽し，6〜12カ月齢の苗が圃場に移植される．

図17.14　移植後4年目のコーヒーの根系
地表下30〜40cm程度のところで直根は獅子尾状を呈している（矢印）．

不定根と，まっすぐ下に伸びた主根および主根に形成された側根が，根系の枠組みをなしており，これらの根から1次あるいはさらに高次の側根が発生している．植え付けてから約4年経過（図17.14）すると，主根だけでなく不定根や側根でも肥大と木化が進んでいた．これらの根が概して茶色あるいはこげ茶色をしているのと対照的に，土壌表層にはエージの若い多くの白色根（white root, 図17.15）が分布していた．コーヒー栽培では，高い収量を得るために年に数回，土壌表面に化成肥料を施用するが，土壌表層の白色根はこ

れを吸収する役割を担っていると考えられる．不耕起栽培では，これらの白色根が中耕によって切断されないために肥料の利用効率が高まり，その結果，生育や収量が耕起栽培よりわずかに優っていたのであろう．

また，これらの土壌表層に多量に分布する白色根は，表層土壌を細かい根のネットワークでつなぎとめているため，雨期の強い降雨

図17.15 不耕起区の土壌表層に発達した白色吸収根（矢印）

によって土壌が流出することを防いでいると考えられる．このように，傾斜地におけるコーヒー栽培では，土壌表層に分布する白色根は肥料を効率的に吸収するとともに，土壌浸食を防止する役割を担っている．傾斜地で十分に施肥を行わないと，土壌表層に白色根の発達が見られない．また，施肥を行わない農家は除草剤も使わず，しっかりと中耕除草するため，表土を流れやすくする．そのため，10年程度で地力が減衰し，収量が半減するのであろう．実際，植え付け約8年ほどでコーヒーの収量が減少傾向に転じることが，他の国でも報告されている（Wrigley 1988）．一方では，植え付け後50年近くたっても収量が高いコーヒー園も多く見られる．このことから，この8年目以降の収量減は，生理的な現象というよりも，むしろ傾斜地での土壌浸食などによる地力低下に起因するケースが多いと考えられる．

（4）主根型根系と植物体の支持

図17.14や図17.15の根系の深さを調べたところ，主根の多くは地下30～40 cm程度で生育が停止し，そこから獅子の尾状に形成された側根が地下約1 mまで伸長していた．降雨量が多い地域では，根が1 m程度までしか達していないという報告がある（Wrigley 1988）のに対し，降水量が少ないところでは，約4 mまで達した例もある（Nutman 1933, 1934）．これらの深くまで伸長した側根は，すべて肥大し木化が進んでいたため，傾斜地においてコーヒー

の植物体を支える機能を果たしていると考えられる．また，深くまで伸びた根が，乾期に土壌深層から水を吸収することによってストレスを軽減させていることも考えられる．

　根系の役割の一つに植物体の支持があり，とくに傾斜地では下側に転ばないように支えることが重要である．その場合，樹体を支えるために，傾斜の上側と下側のどちらで根が多いかを調査したところ，傾斜の下側に比べて上側の方が，根数で約2.5倍，根重で約1.8倍と多くなっていた（Iijima *et al.* 2000）．傾斜地では上側の根が発達することによって倒伏を防いでいると考えられるが，上側で根が発達するメカニズムは明らかではない．

　スマトラ島の例のように，傾斜地の熱帯林を切り開いて開発されたコーヒー園では，耕地土壌の流出を極力抑えることが持続的な栽培を維持することになり，それはまた，新たな熱帯林の開発を遅らせることにつながる．そのために必要なことは，土壌表層に分布する白色根をどのようにデザインできるかにあると考えている．最近では，いろいろな宣伝とともに，多種多様のコーヒーが巷に出回っている．とくに缶コーヒーの場合は，非常に速いスパンで手を変え品を変え，いろいろなものが現われる．缶コーヒーを飲むとき，コーヒーの栽培現場で何が起こっているかを考えて頂ければ幸いである．

　　　　　　　　　　　　　飯嶋盛雄（名古屋大学大学院生命農学研究科）

引用文献

小豆沢斉・伊藤武義 1983. 島根農試研報 18：31-47.
平岡潔志ら 1998. 土肥関東支部講要 46.
平岡潔志ら 1999. 土肥講要 201.
Iijima, M. *et al.* 1999. In Horie, T. *et al.* eds. World Food Security and Crop Production Technologies for Tomorrow, Cosmic Printing, Kyoto. 229-232.
Iijima, M. *et al.* 2000. Jpn. J. Crop Sci. 69（Extra issue 2）：250-251.
Iijima, M. *et al.* 2003. Plant Prod. Sci. 6：224-229.
菊池重次ら 1966. 大阪農技セ研報 3：127-138.
黒木高幸・間曽龍一 1995. 九州農業研究 57：36.
Nutman, F. J. 1933. Empire J. Exp. Agric. 1：271-284.

Nutman, F. J. 1934. Empire J. Exp. Agric. 2：293-302.
大場正明 1988. 新茶業全書. 静岡県茶業会議所, 静岡. 141-152.
佐藤公一ら 1956. 園学雑 24：217-221.
瀬川賢正 1995. 地域重要新技術開発促進事業（平成2-5年度）成果報告書.
志村 喬 1939. 日作紀 11：50-75.
寿松木章ら 1986. 園学雑 54：431-437.
高橋国昭ら 1998. 物質生産理論による落葉果樹の高生産技術. 農文協, 東京.
田代善次郎 1979. 茶業技術研究講演要旨集. 23.
植田和郎・原田和也 1995. 地域重要新技術開発促進事業（平成2-5年度）成果報告書.
Wrigley, G. 1988. Coffee. Longman, London. 1-612.
山下正隆 1989. 野菜茶業試験場報告D（久留米）2：29-117.
山下正隆 1997a. 日作紀 66：229-234.
山下正隆 1997b. 日作紀 66：381-385.

第5部　環境形成と根系制御

第18章　作付体系と根系の生育

1. 作付体系と根系の生育

　化学肥料や農薬に依存する集約的な「自由式農法」において単一作物を連続して栽培することは，収量の増大や生産費の低減を通して生産者の収益を増大させたし，消費者に対しては安定して食料を供給することで大きく貢献してきた．しかし，一方で，塩類集積や生物多様性の劣化といった耕地生態系の疲弊をまねく結果ともなった．最近，食料需給に関する世界的な危機感が広がるとともに，環境保全に対する理解が深まったため，農業の持つ多面的な機能が注目されるようになった．このような状況の中で，環境に対する負荷を低減した循環型作物生産を模索する動きは，アメリカ合衆国にみられる「低投入持続的農業（Low Input Sustainable Agriculture：LISA）」，ヨーロッパ諸国における「農業の粗放化」，日本の「環境保全型農業」として具体化し始めている（大門1999）．

　環境保全を考慮した持続可能な作物生産を考える場合には，輪作，混作，間作といった，いくつかの異なる作物を空間的あるいは時系列的に組み合せて栽培する作付体系（cropping system）の意義を見直す必要がある．これらの作付体系下において，物理的，化学的，生物的に多様に変化する土壌環境に対する作物根系の応答反応を理解し，そのうえで栽培管理を行うことが，農業本来のあるべき姿として，地力を維持，増進しながら作物生産を確保していくうえで重要となる．しかし，これまでこれらの作付体系に導入された種々の作物根系の構造や機能が，連続栽培した単一作物とどのように異なるかをとらえた研究事例は，必ずしも多くないのが現状である．

作付体系を論ずる際には，ヨーロッパの畑作・有畜農業の歴史の中で発明されたマメ類を導入した「改良三圃式農法」や「ノーフォーク式輪栽農法」がしばしば紹介されるが，水稲を基幹作物とする日本農業においても，水田裏作や田畑輪換といった水田の高度利用の歴史があることを忘れてはならない．一方，最近では，新規造成農地における有機物供給のための緑肥作物の導入，窒素過剰施用畑の土壌修復を目的としたクリーニング作物の導入，さらには線虫被害畑における対抗植物の導入など，基幹作物以外の作物を同一耕地に栽培する試みも多くみられるようになった．

2. 汎用化水田における地力増進作物

(1) 汎用化水田とセスバニア・クロタラリア

　水田の生産性を高め土地を高度利用するには，水稲が作付されていない時期に他の作物を栽培する作付体系を組み，耕地利用率を上げればよい．いわゆる汎用化水田としての利用である．しかし，作土直下の土層に還元化グライ層が現われるような湿田や排水不良田では，有機物の分解に伴って有機酸や硫化水素のような有害還元物質が生成されやすい．また，透水性が悪いため，これらの有害物質が除去されにくく，作物の根系が障害を受けることが多い．このような条件下では水田裏作が難しく，とくに普通畑作物を新たに導入するような転換畑として利用することは容易でない．排水対策としては，土管やプラスチック管などを地中に埋め込んで通水孔をつくり，過剰水を圃場外に排水する暗渠を設置することが望ましいが，大規模な施工には経費がかかる．また，暗渠をより効果的に活用するには，土壌の酸化（乾田化）を徐々に進めてから施工した方がよい．

　近年，水田転換畑の畑地化促進のために，セスバニア（*Sesbania* spp.）やクロタラリア（*Crotalaria* spp.）といった根系発達が旺盛な地力増進作物の導入が注目されている（大門2001）．両作物ともあまり馴染みのない作物であるが，いずれも乾物生産量が極めて多い熱帯原産のマメ科植物である．セスバニアは，熱帯地域に20種以上が分布する植物で，インドでは古くからコーヒー幼植物の庇陰植物やバナナやココヤシの防風植物として用いられていた．

第18章　作付体系と根系の生育

この属の植物が一躍注目されたのは，セネガルにおいて雨期に湛水する湖岸や沼地に自生する種（S. rostrata）が，根粒と同様に窒素固定を行う茎粒（stem nodule）という組織を形成することが報告されてからである．一方，クロタラリアは，その起源地と言われるインドで，古くから繊維作物や飼料作物として栽培されてきた．470種を越えるといわれる種のうち80種以上がインドで見つかっており，中でもC. junceaはSunnhempと称され，日本にも導入が試みられている．

　伊藤ら（1992）は，北陸地方の低湿重粘土水田における転換畑の畑地化促進のためにこれらの作物を栽培した．転換初年目においてS. rostrata，S. cannabina，C. junceaの3種を栽培し，その根系発達の様相を観察したところ，根の到達深度（第3章）は，いずれも45～50 cmとなり，対照作物であるソルガムの30 cmに比べて深くまで伸長した．また，土層の亀裂が深くまで入り，グライ層の出現位置が低くなり，畑地化促進のためにこれらの作物の栽培が有効であることが明らかとなった．

（2）セスバニアとクロタラリアの耐湿性

　セスバニアは耐湿性（flooding tolerance）が優れているが，これは，湛水条件下では胚軸根が旺盛に発達し，また，二次通気組織が速やかに形成される特性をもつからである（Shiba and Daimon 2003）．二次通気組織は，根の内鞘細胞の分裂によって新たに作られる組織であり（図18.1），この組織によって表皮と皮層が中心柱から剥離する．この領域を通して空気が根圏に運ばれ，酸化状態が保持される．

　著者らは水田転換畑土壌を用い，地下水位を土壌表面から16 cm（高水位区）と32 cm（低水位区）の2段階に設定して，C. junceaを栽培し，S. cannabinaと比較検討したが，乾物生産量と全窒素含有量は，S. cannabinaでやや大きかったものの，高地下水位条件における乾物重の低下割合は両作物間で差異は認められず，C. junceaも耐湿性が比較的高いことが分かった（大段・大門1998）．

　なお，水田の排水や透水性を改良すると，土壌有機物の分解が進み，養分水準が低下の方向をたどる．したがって，田畑輪換では，水稲作における施

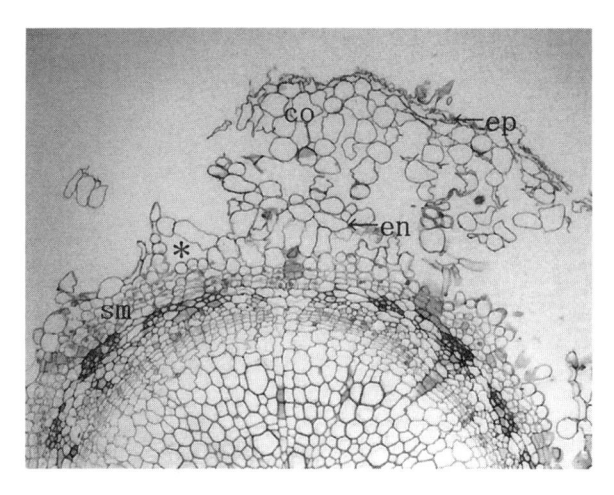

図18.1 5日間湛水条件下で生育させた*Sesbania rostrata*の主根における二次通気組織の形成（大門　原図）
＊：二次通気組織，ep：表皮，co：皮層，en：内皮，sm：二次分裂組織

肥管理に留意する必要がある．著者らの試験では，両作物に引き続いて栽培した後作のホウレンソウ（*Spinacia oleracea*）が吸収した窒素の中で，前作のマメ科作物が固定した窒素の占める割合が高く，両作物ともに畑地化促進だけでなく地力増進の効果も期待された．すなわち，これらのマメ類の栽培は，根系の発育による畑地化の促進にともなって消耗する有機物を，旺盛に生育する茎葉部をすき込むことによって補完する役割も担っている．

3．輪作における作物の生育と根系

（1）根系機能の多様性

上述の田畑輪換や水田裏作も水田農業における輪作形態の一つであるが，より多様な作物の導入が実施される作付体系は畑輪作（crop rotation）である．すなわち，北海道，東北，関東，九州の畑作地帯で従来から行われていた一年二作型，あるいは二年三作型の作付体系や，最近，都市近郊における生鮮野菜の供給に重要な役割を担っている野菜類を中心とする多毛作的な輪作がそれである．いずれの場面においても，耕地土壌を時系列的に有効に利

用して，個々の作物の収量を安定的に確保することが輪作の基本である．また，そこにおける栽培管理技術は，地力を維持し，農耕地環境を持続的に保全するものでなければならない．それらの栽培管理技術の多くが土壌を介して作物の根系に働きかけるものである以上，多様な作付体系における個々の作物の根系の把握は不可欠である．このような輪作体系において，根系の構造や機能の特性が多様である作物を作付けることにより，たとえば，①浅根性作物と深根性作物の組み合わせによる土層の有効利用や土壌構造の改善，②マメ類の導入による固定窒素の利用，③地下部に他感作用や線虫対抗性を有する作物の導入による農薬施用量の低減，④吸肥力の高い作物の導入による塩類の回収（クリーニング）などが期待される．

（2）浅根性と深根性

根系構造や根量の違う作物の組み合わせを考える場合，トウモロコシ，ソルガム，ムギ類，イネ科牧草類といったイネ科作物と，ダイズ，ラッカセイ，クローバ類といったマメ科作物との組み合わせが代表的なものとしてあげられる．それぞれの根系の特徴は，前者がひげ根型根系（fibrous root system, 第2章），後者が主根型根系（main root system, 第2章）である．一般的には，イネ科が浅根性，マメ科が深根性といわれているが，それぞれの中にも浅根的や深根的な特性を示す種があるので，実際に導入する場合にはそれらの特性に留意する必要がある．両者を組み合わせることにより，土壌の団粒化が促進され，それらが破壊されにくくなり，孔隙率が高まり，いわゆる土壌物理性の改善が期待される．また，物理性の改善とともに各土層に発達する根によって養分吸収域の拡大が可能になることも重要な点である．

（3）マメ科作物の窒素固定

低投入型の輪作における養分収支を考えるうえに，マメ科作物と根粒菌による窒素固定（nitrogen fixation）の有効利用は不可欠な要素である．種々のマメ科作物の栽培が後作物の窒素吸収に及ぼす影響については多くの報告があり，固定窒素の貢献度はマメ科作物と後作物の組み合わせや栽培条件によって異なる．しかし，いずれの場合にもマメ科作物の固定窒素は作付体系の中で窒素源として有意に付加されるものであることは間違いない．たとえば，

近年，野菜畑などで試みられているマメ科緑肥作物のすき込みでは，生体重で2～3 t/10 aのすき込みによって5～12 kgN/10 aの窒素施肥と同等の付加量があることも示されている．最近，ダイズにおいて，根粒が根系全体にぎっしりと着生する"超着生系統（super-nodulation）"の実用的な系統が作出され，この系統を前作に作付けると後作への窒素集積量が原品種の作付けよりも多くなることも報告されている．なお，窒素固定に着目した根系の遺伝的改良については第10章を参照していただきたい．

（4）アレロパシーによる根系生育の抑制

輪作体系を構成する様々な作物の中には，収穫残査をすき込んだりマルチング資材として利用した場合に，後作物の初期生育を抑制するものがあることが報告されている．前述したマメ科作物のクロタラリアもその一つである．著者らは，クロタラリア属植物6種を供試して，その地上部の搾汁液をコムギの実生に施用し，その根系発達への影響を観察した（Ohdan *et al.* 1995）．その結果，搾汁液施用区では総根長ならびに最長根長が著しく抑制され（図18.2），この効果は，高播種密度栽培により葉茎比を高くして生育させたものを施用した場合に著しかった．また，土耕栽培では生育後期の試料をすき込んだ場合の方が顕著であり，播種密度や刈取り時期によって後作物の根系生育における抑制効果には差異が生ずる（Daimon and Kotoura 2000）．これら

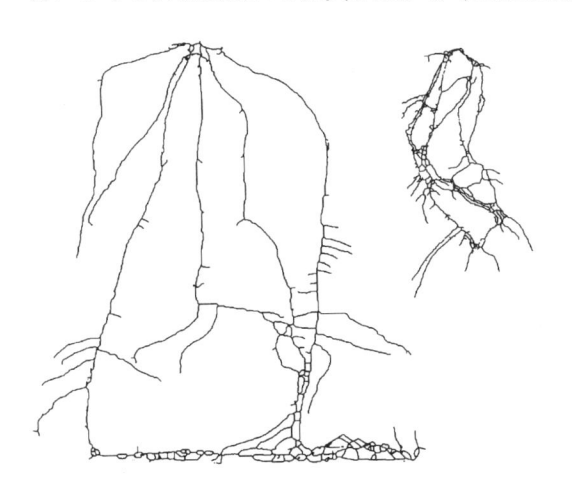

図18.2 *C. juncea* の葉の搾汁液をグロースポウチに施用して生育させたコムギの根系（Ohdan *et al.* 1995を一部改変）
左：培養液のみを施用した対照区，右：搾汁液施用区（著しい抑制がみられる）

第18章 作付体系と根系の生育

の現象は，後作物の初期生育の抑制という点からは生育阻害要因として留意しなければならない点であるが，一方で，作付時期をずらすなどの工夫で雑草防除に応用できる可能性を示すものでもある．近年の有機栽培や減農薬栽培への消費者ニーズの高まりから，今後，除草剤の散布薬量や使用回数は減らされる方向にある．これらの植物の持つアレロパシー（allelopathy）の雑草防除への実用化が期待される．

（5）有害土壌線虫の密度低減

サツマイモ（*Ipomoea batatas*），ダイコン（*Raphanus sativus*），ラッカセイ（*Arachis hypogaea*），キク（*Crysanthemum morifolium*）などの連作圃場では，植物寄生性有害線虫の加害により著しい減収を招くことがあり，連作障害の一つとして問題となっている（図18.3）．輪作はその回避対策として有効であるが，とくに，マリーゴールド（*Tagetes patula*），エンバク（*Avena sativa*），クロタラリア（*Crotalaria* spp.）といった線虫対抗植物（antagonistic plant）の導入が効果的である．これらの植物は土壌中の線虫を根の中に取り込んでトラップしたり，根で産生される殺線虫物質により生息密度を低減する効果をもつ．マリーゴールドやルドベキア（*Rudbeckia hirta*）では，殺線虫物質としてα-ターテニールが同定されており，神奈川県，千葉県，愛知県，三重県，熊本県などの野菜産地を中心にしてその導入の検討がなされているところである．著者は，キクの圃場にクロタラリアを導入した事例を見たことがあるが，キクネグサレセンチュウの防除のために*C. juncea*の栽培が試みられていた．*C. juncea*はネコブセンチュウ（root-knot nematode）に対抗性は示すが，ネグサレセンチュウ（root-rot

図18.3 ラッカセイの根にみられるキタネコブセンチュウの被害（大門　原図）

nematode)の密度をかえって増加させるといわれており，対抗植物の選定には慎重を期さなければならない．線虫に対する効果的な土壌消毒剤である臭化メチルの使用を全廃しなくてはならないことを考えると，これらの対抗植物を利用した線虫の生物防除技術の開発が急がれる．

(6) クリーニング作物

ハウスや雨よけトンネルなどの施設野菜作の連作畑では，土壌の作土層のECが $1.5 \, dSm^{-1}$ を越える場合もあり，置換性塩基，リン酸，硝酸態窒素などの含有量が著しく高く，これらの過剰塩類の集積による作物の生育障害がしばしば見られる．集積した塩類の除去には，雨水や地下水による湛水流去が用いられるが，この方法は地下水汚染や河川水の富栄養化の原因として問題視されている．そこで，根系の発育が優れ，土壌中の残存養分の収奪力が大きい作物を栽培して，塩類集積土壌をクリーンアップする，いわゆるクリーニング作物（cleaning crop）を輪作体系に組み込むことが試みられている．代表的なクリーニング作物としては，青刈用ソルガム（*Sorghum bicolor*）やデントコーン（*Zea mays*）などの浅根性で根量の多いイネ科飼料作物があげられるが，比較的生育期間が長いブロッコリー（*Brassica oleracea*）の作付けなども試みられている．今後，根系発育の優れた作物による硝酸態窒素や重金属等の除去に，植物の機能を利用したファイトレメディエーション（phytoremediation，第20章）の活用の可能性が示されているが，そのためには様々な植物種における根の構造と塩類吸収機能についての知見の集積が必要である．

4．混作・間作における作物の生育と根系

日本では，限られた耕地面積における生産コストや収益性の点から，混作（mixed cropping）や間作（intercropping）といった作付様式が減退してきたが，環境保全に立脚した作物生産を実践するための一つの選択肢である．とくに，せき薄な耕地土壌からなる傾斜地や小規模経営農家においては，これらの作付様式の導入が農耕地の高度利用を可能にし，地力維持と耕地保全にも効果的である．空間的あるいは時間的に複数の作物の全部または一部が同一耕地に作付けられるこれらの様式では，地上部における光の競争や地下部

における養水分の競争が生産性を制御する大きな要素となる．混作あるいは間作条件下の単位土地面積当たりの収量は，これらの要素が複雑に影響しあった結果として現われる．一般に，混作および間作における収量をそれぞれを単作した場合と比較する際，土地等価率（Land Equivalent Ratio：LER）が用いられる．土地等価率とは，Ia/Sa + Ib/Sb（Ia,b：aまたはbを混作あるいは間作した時の収量，Sa,b：aまたはbを単作した時の収量）で表され，この数値が「1」より大きい場合は，混作あるいは間作の効果がプラスであることを示すものである．しかし，地力維持や耕地保全を目的としたこれらの作付様式を評価する際には，基幹作物の栽培期間におけるLERによる評価だけでなく，それらを繰り返した比較的長期間にわたる場合の評価を行う必要があろう．

　混作や間作における各作物の地上部の空間配置に基づく光利用効率や競争に関しては多くの報告があるが，地下部においても根系の分布や養水分吸収に関する相互作用にも多くの研究者が興味をもっている．たとえば，根系構造からは，浅根性と深根性の作物や根量の異なる作物を組み合わせることによって土壌の空間的利用が効率よく行われることが，また，根系機能からは，養水分吸収特性の異なる作物の組み合わせにより栄養分や水分の吸収に，それぞれを単作した場合とは異なる様相が生じることがあげられる．

　畑作物におけるこれらの作付様式では，イネ科作物とマメ科作物の組み合わせがしばしば用いられる．牧草類の混作（混播）でよくいわれるように，マメ科作物による固定窒素のイネ科作物への移行を混作の利点の一つとしてあげることができる．窒素の移行経路としては，長期にわたる栽培の結果生じるものと短期的なものとが考えられる．長期的なものとしては，マメ科作物の葉や地下部（老化した根や根粒あるいは表皮や皮層の脱落）の分解によるものが大きい．一方，短期的なものとしては，根圏土壌への窒素化合物の放出があげられる．たとえば，旺盛に生育中のシロクローバ（*Trifolium repens*）の根からセリンやグリシンのようなアミノ酸やアンモニア態窒素が放出され，それらに由来する窒素を同伴しているペレニアルライグラス（*Lolium perenne*）が吸収するという結果が報告されている（Paynel *et al.* 2001）．ま

た，このような窒素の移行に，土壌中の菌根菌のネットワークが関与しているとの報告もある．ただし，マメ科からイネ科への短期的な窒素の移行に関しては否定的な報告もあり，栽培条件や両科作物の組み合わせによりその効果は異なるのであろう．

　混作，間作における各作物の地上部の草型やそれに基づく受光効率の把握とは異なり，地下部の相互作用を解析することは難しい．最近では，間作条件下の各作物の根系分布の様相を観察するために，リゾトロン（rhizotron, 図18.4, 第3章）を用いたり，ミニリゾトロン（minirhizotron, 第3章）を用いた根の局所的な観察が進められている．また，間作することによって各作物の根の機能が単作の場合と比べていかに変化するかを，根の呼吸活性（第6章）を測定することで調べたり，仕切り板を用いて各作物の根系が相互に影響されないようにして混作や間作を行い，作物間における養水分の動態解析も行われている．しかし，地下部の相互作用に関しては，地上部に比べて十分に理解されていないのが現状であり，今後の研究の進展が望まれる分野である．

図18.4　大型リゾトロン
（アメリカジョウジア大学，大門　原図）
上：矢印が示すところに作物が栽培されている．
下：地下のガラス壁面（傾斜をつけてある）に現われる作物根系を観察することができる．両側で16壁面を観察することができる．

　　　　　　大門弘幸（大阪府立大学大学院農学生命科学研究科）

引用文献

大門弘幸 1999. 日作紀 68：337-347.
Daimon, H. and S. Kotoura 2000. J. Agro. Crop Sci. 185：137-144.
大門弘幸 2001. 国際農林業研究 24：29-35.
伊藤滋吉ら 1992. 北陸農試報 34：27-41.
Ohdan, H. *et al.* 1995. Jpn. J. Crop Sci. 64：644-649.
大段秀記・大門弘幸 1998. 日作紀 67：497-472.
Paynel, F. *et al.* 2001. Plant Soil 229：235-243.
Shiba, H. and H. Daimon 2003. Plant Soil（in press）

第19章　根系と根圏環境

1. 植物による土壌資源の獲得

　植物は，茎葉部から光や二酸化炭素を吸収するとともに，根系を通して土壌資源である養水分を獲得しながら生育している．近代農業は，このような植物の生育特性を利用し，集約的な施肥管理を行うことによって作物の生産性を大きく向上させてきた．しかし，その一方では地力低下，塩類集積などの土壌劣化を引き起こした．また，地下水の汚染，河川や湖沼の富栄養化などが生じており，耕地生態系の外へも影響が及んでいる．そのため，近年，施肥量を抑制しつつ作物の生産性を維持・向上させる農業，すなわち低投入持続的農業（Low Input Sustainable Agriculture：LISA）が求められているが，これを推し進めるためには，作物の根系が資源を獲得する能力をさらに向上させる必要がある．

　土壌中における養分の分布は，水耕栽培の場合とは異なり，時間的・空間的に不均一である．また，植物は必要な養分が根のすぐ近くに存在しても，土壌固相に強く吸着された状態ではうまく吸収することができない．したがって，土壌中で植物が必要な養分を獲得するためには，不均一に分布する養分を探し当てることや養分を利用可能な状態にすることなど，養分を吸収する前の段階が重要となる．つまり，根は養分を求めながら土壌中を伸長したり分枝しながら，周辺の土壌環境を改変して利用可能な養分を増やしたり，根の形態や生理を変化させて養分吸収能を向上させている．本章では，このような根の資源獲得能力について解説する．

2. 根による根圏pHの調節

　植物の根は，土壌中から養分を吸収すると同時に，反対に土壌中へ様々な物質を放出している．そのため，根の周囲数ミリ程度の範囲では，養分濃度，pH，有機物量，微生物活性などが，根から十分離れた土壌とは異なっている

(Marschner 1995).このように根と土壌との境界領域は特殊な環境を形成しており，根圏（rhizosphere）と呼ばれている．

根圏のpHは，非根圏土壌より2以上高かったり，低かったりすることがある（Marschner 1995）．これは，根が吸収する陽イオンと陰イオンが量的に均衡していないことに起因すると考えられる．根が吸収するイオンの半分以上は窒素であるが，土壌中における窒素の形態には陽イオン（NH_4^+）と陰イオン（NO_3^-）の両者があり，植物がこのどちらをより多く吸収するかによって，根圏のpHが大きく変化する．すなわち，根はNH_4^+を吸収するときはH^+を放出して根圏を酸性化させ，逆にNO_3^-を吸収する際にはH^+を取り込んで根圏をアルカリ化させる．

アルカリ土壌にアンモニア態窒素を施肥して根圏を酸性化すると，難溶化していたリン酸や鉄が溶出し，根が吸収できるようになる（Marschner 1995）．一方，酸性土壌で根圏が酸性化すると，毒性の強いアルミニウムイオ

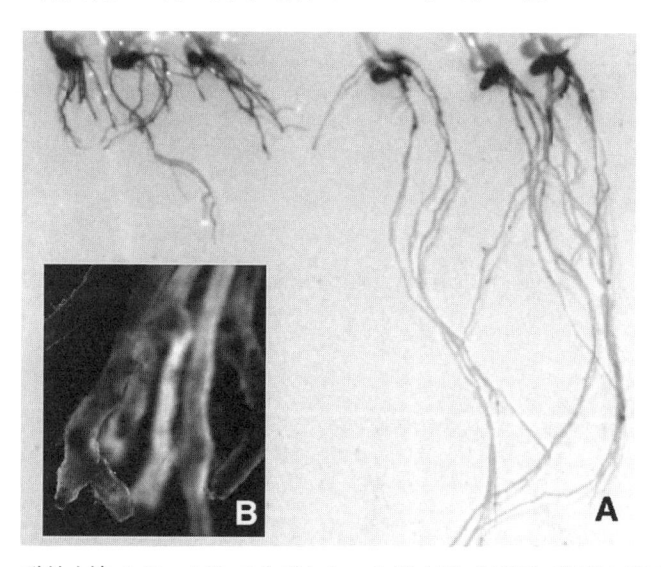

図19.1 酸性土壌（pH = 4.2）で生長したコムギ（左）と石灰で酸度を矯正した土壌（pH = 6.5）で生長したコムギ（右）の根系（A）．
酸性土壌では，溶出したAlの毒性のために，根端の生長が阻害されている（B）．
（名古屋大学大学院生命農学研究科　高木美奈子 氏 撮影）

ン（Al_3^+）が溶け出すことがあり，その場合は根端が強い障害を受ける（図 19.1）．このようなストレスを軽減させるために，ある種の植物は，根端の pH を上げたり，粘液物質（mucilage）で根端を保護したり（Marschner 1995），あるいは Al_3^+ と結合して無毒化させる有機酸を分泌する（馬 1999）．

3．機能性根分泌物と菌根共生系

（1）機能性根分泌物

　根が分泌するいくつかの有機酸は，土壌中でイオン化し難いリン酸を，吸収しやすい形に変化させることがある．たとえばシロバナルーピン（*Lupinus albus*）は，リン酸が欠乏すると，側根を密生した特殊な形態の根を形成する．この根はプロテオイド根（proteoid root）と呼ばれ，多量のクエン酸（citric acid）を分泌してカルシウムと結合していたリン酸を溶解し，根圏にクエン酸カルシウムを沈着させる（Dinkelaker *et al.* 1989）．この根が分泌するクエン酸の量は同化産物全体の 23％にも相当しており（Dinkelaker *et al.* 1989），このような多大のコストを必要とする根分泌物（root exudate）が効率的に機能するためには，根の形態が重要な役割を果たしていると考えられる．すなわち，多量のクエン酸を分泌するプロテオイド根には密生した側根群や根毛が形成され，大きな表面積を確保している．この特殊化した根の形態が，クエン酸の局所的な分泌と対応していると考えられる．

　また，クエン酸を過剰に分泌するよう遺伝的に改変したタバコ（*Nicotiana tabacum*）でも，カルシウムと結合した難溶性リン酸の利用効率が向上したことが確認されている（López-Bucio *et al.* 2000）．キマメ（*Cajanus cajan*）は，有機酸の一種であるピシジン酸（piscidic acid）を分泌するが，これが鉄とキレート結合することによって，鉄と結合していた難溶性のリン酸を溶出させる（Ae *et al.* 1990）．イネ科植物は鉄が欠乏してくると，ムギネ酸類（mugineic acids）を分泌する．イネ科植物の根はムギネ酸とキレート結合した鉄を吸収できるため，鉄欠乏が回避される（Marschner 1995）．その他，植物の根は，有機態リン酸を分解する酸性ホスファターゼ（acid phosphatase）も分泌している（図 19.2）．この酵素は，リン酸欠乏条件下で活性が増加する適応酵素と

図19.2 キマメの根が分泌した酸性ホスファターゼの活性.（矢野　原図）

考えられている（Marshner 1995）.

以上のような根が分泌する物質の機能については，水耕系や寒天培地などの比較的単純な実験系を利用して研究が進められてきた．そのため，多くの様々な微生物が活動する実際の根圏土壌において，これらの根分泌物がどの程度機能しているのかについては必ずしも明らかでない（Fitter 1997）.

（2）菌根共生系

シロバナルーピンはマメ科植物であるが，例外的に VA 菌根（vesicular-arbuscular mycorrhiza）を形成しないことが知られている（Trinick 1977）. VA 菌根というのは，根と糸状菌（VA 菌根菌）との共生体で，ほとんどの陸上植物の根において形成される．VA 菌根菌は，植物根の内部に侵入すると同時に，土壌中に菌糸を伸ばし，移動性が低いリン酸を効率的に吸収することに貢献している（図 19.3）. シロバナルーピンのプロテオイド根のような特殊な根が形成されない植物では，菌根共生系が根と土壌との接触面積を拡げる上で重要な役割を果たしている.

キマメ（Ae *et al.* 1990）やラッカセイ（Otani and Ae 1996）は，難溶性リン酸を溶出して吸収する能力が高い作物であるが，菌根菌を接種しないとその能力はダイズ程度の低いものとなることから，菌根共生系が機能すると高い吸収能力を示すと考えられる（Shibata and Yano 2003）. 根箱実験で，根は通過できないが菌糸は通れる分画を作り，その分画内の菌糸のみを物理的に切

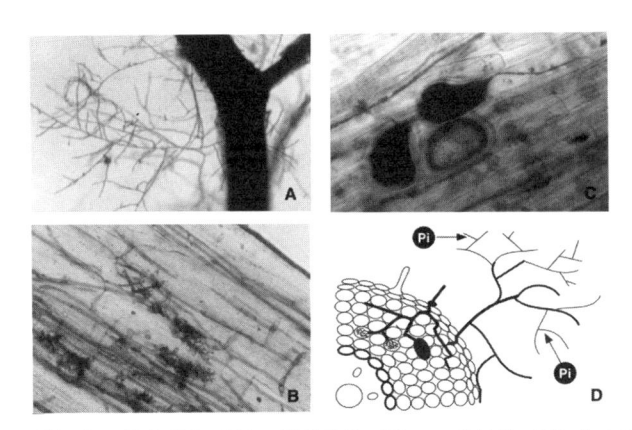

図19.3　VA菌根菌の外生菌糸（A），樹枝状体（B），のう状体（C）および菌根（根横断面）形成の模式図（D）．
（AとD：矢野　原図．BとC：名古屋大学大学院生命農学研究科　田中洋子　氏　撮影）

断すると，キマメのリン吸収量は有意に低下した．しかし，根分泌物が移動できないように，分画に面した土壌にわずかな隙間を作ると，菌糸を切断するかどうかにかかわらずリン吸収量は低く抑えられた（Shibata and Yano 2003）．これらの結果から，菌糸自身が難溶性リン酸を直接溶解する能力は非常に小さく，根分泌物によって溶出したリン酸イオンを菌糸が効率よく捕捉し，宿主植物に輸送していると考えられる．

4．不均一な養分分布に対する根系の応答

作物栽培を行う際に，耕地には多量の肥料が投入される．そのため，圃場内の養分分布が不均一であっても，それが覆い隠されてしまう．しかし，実際の自然条件下では，一個体の植物の根系が分布する土壌環境においても，可給態のリン酸で3倍，硝酸では12倍もの濃度差があることが報告されている（Jackson and Caldwell 1996）．このような不均一な養分分布に対して，植物の根はその形態や生理を変化させて対応している．

たとえば，オオムギ（*Hordeum vulgare*）根系の一部に硝酸，アンモニア，あるいはリン酸を局所的に与えると，劇的なまでに側根が発達することが知られている（Drew 1975）．普通は，根の形態が局所的に変化するのに先立って，

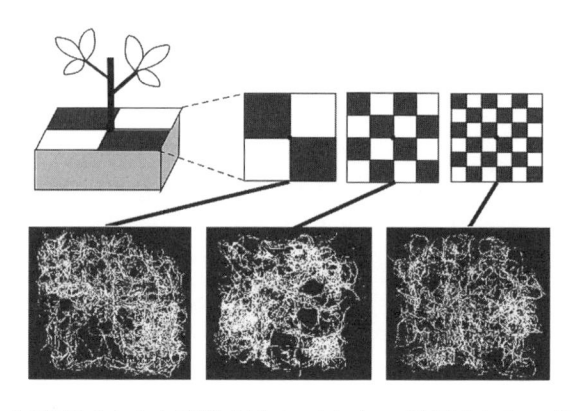

図 19.4 パッチ状にリン酸を分布させた土壌におけるダイズの根系分布.（名古屋大学大学院生命農学研究科 久米貴志 氏 撮影）

生理面で大きな変化が生じており，根長当たりの養分吸収速度が増加することが確認されている（Caldwell 1994, van Vuuren *et al.* 1996）．このように根が生理的・形態的に変化することは，効率的に養分を獲得するための適応的な振る舞いに見える．しかし，この変化には相当なエネルギーが費やされているはずであり，その投資に対して十分な見返りが得られているかどうかは明らかでない．この費用対効果（cost-benefit）のバランスは，局所的に養分濃度の高い空間がどれくらいの規模であるか，濃度差がどれくらいであるか，それがどれくらい持続するかによって異なってくるであろう（Fitter 1994）．

たとえば，ダイズ（*Glycine max*）にリン酸をパッチ状に施用する場合，パッチサイズを細かく分割するのに伴って，パッチの内部と外部での根の発達程度の差が不明瞭となった（図 19.4）．トウモロコシ（*Zea mays*）においても同様の傾向が認められ，同量のリン酸が根域に存在しても，パッチサイズが小さいと効率的にリン酸を獲得することができず，生長量も小さかった（久米・矢野 1999）．これは，細かいパッチサイズに根が十分に対応できず，養分が少ないパッチ外部においても過剰に反応してしまった結果と考えられる．しかし，このことは，反対にいえば，根の可塑性（plasticity）をうまく発揮させれば施肥効率を上げることができる可能性がある．

土壌中に不均一に分布する養分に対して根系が反応する場合，根系を構成する根の内で，養分に遭遇したものだけでなく，遭遇しなかった根にも変化が起こることが知られている．リン酸を十分に与えて生育させたコムギ

(*Triticum aestivum*) と欠乏条件で生育させたコムギをそれぞれ根分けし，一方の分画のみにリン酸を与えた．その結果，いずれのコムギにおいても，リン酸を与えた分画より与えなかった分画の方が，根から分泌される酸性ホスファターゼ (acid phosphatase) の活性が高かったが，両分画間の差はリン酸欠乏区の方が大きかった (Yano and Kojima 1998)．このことから，酸性ホスファターゼの分泌活性は，個々の根が遭遇するリン酸濃度に反応して局所的に変化すると同時に，個体全体が置かれたリンの栄養状態によっても調節されることを示唆している．

以上のような根の局所的な変化が，土壌中における養分獲得にどの程度有効であるかについては，モデルを用いた解析が行われている (Jackson and Caldwell 1996, Robinson 1996)．しかし，これらのモデルは根の変化の機能的な効率性に焦点を当てたもので，そこに投じるコストは考慮していない．しかし，根の機能を向上させたとしても，費やされるコストも考慮しなければ，個体全体の経済性は損なわれる可能性がある．作物の生産性を問題にするとき，それぞれの器官の機能は個体レベルで最適化する必要があり，機能発現による利益とコストの関係を考慮した制御が必要である．資源が不均一に分布する土壌において，根の養分獲得能を組織や細胞レベルで向上させるだけでは不十分であり，機能を発現する構造単位としての根の空間配置も検討することが重要と考えられる．

矢野勝也（名古屋大学大学院生命農学研究科）

引用文献

Ae, N. *et al.* 1990. Science 248：477-480.

Caldwell, M.M. 1994. In Caldwell, M. M. and R.W. Pearcy eds. Exploitation of Environmental Heterogeneity by Plants. Academic Press, San Diego. 325-347.

Dinkelaker, B. *et al.* 1989. Plant Cell Environ. 12：285-292.

Drew, M. C. 1975. New Phytol. 75：479-490.

Fitter, A. H. 1994. In Caldwell, M. M. and R.W. Pearcy eds. Exploitation of Environmental Heterogeneity by Plants. Academic Press, San Diego. 305-323.

Fitter, A. H. 1997. In Crawley, M. J. ed. Plant Ecology. Blackwell, London. 51-72.

Jackson, R.B. and M.M. Caldwell 1996. J. Ecol. 84 : 891-903.

久米貴志・矢野勝也 1999. 日作紀69（別1）: 128-129.

López-Bucio, J. *et al.* 2000. Nature Biotechnology 18 : 450-453.

馬　建峰 1999. 農業および園芸 74 : 605-610.

Marshner, H. 1995. Mineral Nutrition of Higher Plants. 2nd ed. Academic Press, London.

Otani, T. and N. Ae 1996. Soil Sci. Plant Nutr. 42 : 155-163.

Robinson, D. 1996. Ann. Bot. 77 : 179-185.

Shibata, R. and K. Yano 2003. Appl Soil Ecol. 24 : 133-141.

Trinick, M. J. 1997. New Phytol. 78 : 297-304.

Van Vuuren, M. M. I. *et al.* 1996. Plant Soil 178 : 185-192.

Yano, K. and K. Kojima 1999. In Lynch J. P. and J. Deikman eds. Phosphorus in Plant Biology. ASPP, Rockville. 335-337.

第20章　ファイトレメディエーション

　21世紀における地球規模の重要な課題として環境問題があげられる．現在の地球規模の環境問題は，人口増加および経済活動の発達と，それに伴った資源・エネルギーの多量消費に起因している．これらは自然環境の浄化許容量を越えた負荷となり，大気・水圏・土壌へ様々の深刻な環境汚染を引き起こしている．日本では，1960年代から公害として社会問題になっている次のようなものが，主な環境汚染問題としてあげられる．すなわち，①自動車の排気ガスによる大気汚染，②生活および工場廃水による水質汚濁，③重金属などによる土壌汚染などである．

　また，最近ではPCBやダイオキシンのような有機系塩素化合物や外因性内分泌攪乱化学物質（環境ホルモン）などの新たな特定物質による人体への影響がクローズアップされている．このような背景から，1994年に制定された日本の環境基本計画では循環・共生・国際協力を長期的な目標に掲げ，自然環境への負荷を最小限に抑えた循環型社会への転換と，自然環境との共生がうたわれている．このような社会的背景から，環境浄化装置および有害物質処理技術が21世紀の新しい産業として注目されている．

　環境浄化・修復処理技術には大気・水圏・土壌という対象となる環境に応じて多種多様のシステムが開発されているが，一般に，微生物や植物などの生物を利用した浄化技術（バイオレメディエーション）と光触媒や紫外線などの物理化学的な浄化技術に大別される．

1. ファイトレメディエーションとは

　植物および微生物の生理・生態機能を活用して特定の環境汚染物質を分解・除去し，汚染された環境を浄化・修復する技術をバイオレメディエーション（bioremediation）という（児玉ら 1995）．生物による環境浄化技術は，古くから活性汚泥法などにみられる生活排水の窒素・リンを微生物によって処理を行う下水処理技術として活用されている．バイオレメディエーションが本格

的に始まったのは，1980年代にアメリカでトリクロロエチレンやPCBなどで汚染された土壌で，これらの有機化合物を分解する細菌を用いて環境を修復する技術として導入されてからである．それ以降，日本や欧州で地球に優しいクリーンな処理技術として注目されている．

これらのバイオレメディエーションの中で，とくに環境浄化の主体が植物の場合をファイトレメディエーション（phytoremediation）と定義される（茅野1997）．

植物を利用した浄化技術は，重金属や有機塩素化合物で汚染された土壌の浄化の他にも家屋内の建築資材や塗料から放出されるベンゼンやホルムアルデヒドなどのシックハウス症候群に由来する揮発性有機化合物をゴールデンポトス（*Epipremnum avreum*）やツツジ（*Rododendron* spp.）によって浄化する実験（中西1993），ユーカリ（*Eucalyptus*），ポプラ（*Populus nigra*）などによる窒素酸化物の吸収・分解（森川1997），家庭排水中の窒素・リンをパピルス（*Cyperus papyrus*），ケナフ（*Hibiscus cannabinus*）によって吸収・ろ過するバイオジオフィルターシステム（尾崎1997）などが報告されている．また，水生植物の浄化能と景観形成を組みあわせたビオトープ（biotope）の創出も検討されている（青井2001）．このようにファイトレメディエーションの対象は，土壌・大気・水圏の生活環境の全般にわたっている．

しかし，一般に植物は微生物に比べ汚染物質の分解プロセスが緩速であり，効果が明瞭に現われるまでに時間を要する．また，劣悪な生育環境でも適応できる植物種は限られている（Evan 1996）などの課題がある．今後は，遺伝子組み換え植物を導入した検討が提案され（Youssefian 1997），浄化能力の速効性や適用範囲の拡大が期待される．

2．ファイトレメディエーションにおける植物根の役割

ファイトレメディエーションの効果を最大限に発揮するには良好な根の活性が必要不可欠となる．とくに，重金属汚染土壌におけるファイトレメディエーションでは，植物と汚染物質の接点となる根の役割は非常に大きい．また，根系によって吸収され植物体内に蓄積された重金属を再び抽出・還元さ

せた後，有効資源としてリサイクルすることもファイトレメディエーションの目的の一つである．

根の機能は，物理性・化学性および生物性に分類できる（土肥 1997）．物理性とは，根系の根張りによって汚染物質の流出や拡大を阻止することである．筆者は以前，ある清掃工場の施設内で汚泥が野積みになっている場所に，イネ科植物の根系がしっかりと汚泥をコーティングして流出を抑えているのを目撃して，大変感心した経験がある．このように，元々は汚染物質がごく限られた場所にしか存在しなかったものが降雨などによって流出し，二次的に汚染範囲が拡大する恐れが予想される場合は，植物を導入すると根張りの効果で汚染物質の流出と移動を抑制できる．

化学性とは土壌中のカドミウム，クロム，銅，水銀などの重金属（heavy metals）を根系によって吸収し茎葉部に蓄積させることである．*Alyssum murale, Thlaspi caerulescens, T.ochroleucum* は重金属を茎葉部に通常の 1,000 倍近い高濃度で蓄積する能力を保持していることが確認され，これらの植物はとくに hyperaccumlator-plant と呼ばれる（Moffat 1995）．Hyperaccumlator-plant はファイトレメディエーションでは付加価値が高く重要であることから，今後もこれらの特性を持つ野生植物の探索や形質転換体の開発が増えていくことが予想される．

また，生物学的な機能としては，根からの分泌物によって根圏の微生物群が活性し，難分解性物質の分解を促進させることが考えられている．ファイトレメディエーションでは，植物と微生物との共生によって浄化プロセスが効率的に進行するものと考えられ，植物および微生物の活性を長期間持続させるための管理システムも重要である．

以上のようなファイトレメディエーションにおける根の理化学的機能は，同時進行的に複合して作用するものである．

3. ファイトレメディエーションのメカニズム

ファイトレメディエーションにおける植物根と重金属の関係としては,根から分泌されたムギネ酸などのキレート物質や,メタロチオネインなどの金属結合タンパク質が根表面から1〜2 mmの部位で重金属と結合し,重金属類が可溶化されるのが確認された(Youssef and Chino 1991).また,根表層の細胞膜におけるプロトンポンプ作用によってH^+を放出し,根圏土壌のpHを低下させることによって重金属を可溶化することも考えられている(稲葉・竹中 2000).このように,ファイトレメディエーションのメカニズムは,植物が無機物質を獲得する際の生理学的なメカニズムと基本的に同じである.

しかし,hyperaccumlator-plantにみられるような,特異的に重金属を高濃度で吸収・蓄積する生理学的メカニズムはほとんど解明されていない.ファイトレメディエーションでは重金属類と結合親和力が高い物質を根から分泌し,重金属を可溶化させて吸収することによって土壌中から重金属が除去して土壌の無害化を促進することが重要である.

4. ファイトレメディエーションの今後の展望

ファイトレメディエーションが本格的に始まったのは1990年の湾岸戦争で,クウェートの石油施設が破壊されて大量に流出した原油中の重金属をファイトレメディエーションによって回収・浄化するプロジェクトが実施されてから(Radwan et al. 1995)で,その歴史は浅い.わが国においても,現在までは中小規模な実証実験にとどまっている.しかし,今後は自然への負荷を最小限に抑えた生態工学的な環境保全技術推進の機運に後押しされて,大規模なプラント実験の実施が予想される.

また,近年急速に進歩した分子生物学的技術を導入して,重金属やPCB,ダイオキシンに耐性のある細菌や酵母菌の遺伝子を植物に組み込んだ形質転換体植物が登場したため,さらに劣悪な環境条件下でも生物処理が可能となり,ファイトレメディエーションの適用範囲が広がる.ファイトレメディエーション効果を最大限に発揮させるためには,劣悪な環境下における植物

の活性，すなわち植物の茎葉部－根系－根圏微生物の三者間における良好な物質循環が重要であり，これらを維持するためには水分や汚染物質以外の無機質の供給および土壌構造の改良など，栽培管理の検討が必要不可欠である．

　ファイトレメディエーションは，工学・農学・分子生物学および生態学などにまたがった技術のため，一分野に拘った技術では優れた効果は見出せない．ファイトレメディエーションの技術導入から汚染物質除去の実験終了に至るまで，各分野間の効率的な協力と連携が重要である．

土肥哲哉（株式会社西原環境テクノロジー）

引用文献

青井　透 2001. 環境施設 83 : 81-87.
茅野充男 1997. 研究ジャーナル 18 : 11-17.
土肥哲哉 1997. 根の研究 6 : 134-136.
Evan. K. *et al.* 1996. Remediation USA 16 (1) : 58-62.
稲葉尚子・竹中千里 2000. 根の研究 9 : 69-73.
児玉　徹ら編 1995. 地球をまもる小さな生き物たち. 技報堂出版, 東京.
Moffat, A. S. 1995. Science 269 : 302-303.
森川弘道 1997. バイオサイエンスとインダストリー 57 : 379-382.
中西友子 1993. Quality 120 : 12-16.
尾崎保夫 1997. 日本水処理生物学会誌 33 (3) : 97-107.
Radwan, S. *et al.* 1995. Nature 376 : 302-303.
Youssef. R. A. and M. Chino.M. 1991. Water Air and Soil Pollution 57 : 249-258.
Youssefian, S. 1997. 遺伝 51 (5) : 41-46.

第21章　沙漠緑化と根系の生育

1. 乾燥地に生きる植物の智恵

(1) 乾燥地の生態系

　一口に乾燥地 (arid land) あるいは半乾燥地 (semi-arid land) といっても，地域によって様々な生態環境が存在している．すなわち，移動砂丘に被われた砂沙漠のほかに，土壌表面が礫に被われた岩石沙漠や，アラビア語でサブカと呼ばれる塩類集積地もある．また，乾湿の繰り返しによって土壌としての構造を失い，固結化した粘土地帯もよくみられる．

　以上のように乾燥地には様々なタイプがあるが，いずれの場合も単に自然条件が厳しいというだけでなく，気候の変動が極めて大きいことが特徴である．とくに，降雨の地理的，季節的な変化や年変動は激しく，旱魃や洪水の原因となる．そのため，沙漠 (desert) に生きる動植物および人々の生活は，不安定かつ不足しがちな水の確保にかかっているといえる．人間は水を求めて移動しながら家畜を養い，農作物を育て，生活の安定を確保しており，そこには，限られた水資源を利用して，人間と動植物の共生を基盤とした生態系が成り立っている．しかし，この生態系は極めて脆弱なため，人間や動物の圧力が加わると簡単に単純化したり崩壊したりして，沙漠化へとつながっていく．そして，この生態系は一度破壊されると，回復のために多くの時間と労力を必要とする．

(2) 沙漠に生きる植物の智恵

　沙漠の植物は非常に厳しい環境の中を，実に巧みな工夫で生き抜いている．すなわち，乾燥地の植物の多くは，ワジ沿いや大きな砂丘の裾野のように比較的水条件の良い場所に生育している．また，まとめて雨が降った直後に一斉に発芽して開花・結実し，種子を散布して次の雨を待つといったものも多い．そのほか，葉が鱗片状や刺状になったり，葉の表面にクチクラ層が発達することで蒸散を抑えたり，葉が多肉化して貯水組織を発達させているもの

もある．こうした茎葉部の適応は，いやが応でも目にとまる．

一方，根は掘らないとみえないため具体的な情報は多くないが，水分吸収のために適応している事例が知られている．たとえば，下方向に深く伸びた根（図21.1）は土壌深層の限られた水分を安定的に吸収しているし，水平方向に広く張った根（図21.2）は，降雨や結露によって土壌表層に一時的に供給される水分を効率よく吸収している．根自体の構造が貯水機能を持つ種もある．また，微生物が植物の根と共生して養水分の吸収を助けている例や，細胞の

図21.1　垂直方向に深く伸びた根

図21.2　水平方向に広く張った根

浸透圧を高めて塩分濃度の高い水を利用している例もある．

　以上のように，野生の草や木は根系を発達させることによって水分を確保するとともに，植物体からの蒸散を抑えて水分を蓄えるという適応をしている．そのため，乾燥地に生きる植物にとっては，根系の発達が生存のカギを握っているといえる．さらに，根系はその植物体だけでなく，それをとりまく動植物から人間を含む生態系において重要な役割を果たしている．乾燥地における植物の根系が遺伝的要因の影響を受けることはいうまでもないが，同時に，その個体が生きてきた環境条件の変化に対応して驚くほど多様な形をとっている．このことは，見方を変えれば，環境条件を操作することによって根系の形態や機能を制御できることを示している．すなわち，根系を制御すれば苗木をより確実に自然の中へ根付かせることができ，樹木育成ひいては樹木をとりまく生態系形成の大きな可能性が生まれてくる．

2．「根のデザイン」の考え方

　私たちは，乾燥地の植栽現場で，雨が降り風が吹く自然の様子，それに伴う土壌の変化にうなずき，それぞれの場所における植物根系の発達に目を見張りながら，植栽技術の改善について試行錯誤を続けてきた．そこから生まれてきたのが，「根のデザイン」（designing roots）というアイデアである（小島ら 1997）．

　乾燥地に限らず，苗木を植え付けた場合には，施肥をしたり灌水したりするほか，整枝・誘引の作業を繰り返して，将来の望ましい樹形を作っていく．乾燥地で樹木を植栽する場合も単に水をやるだけでなく，もう一歩進めて，茎葉部に対する整枝・誘引のような積極的な関与を根に適用し，少しでも早くそれぞれの場所に合った根系の発達を促進できないだろうか．

　自然の植物，とくに沙漠で生き残っている樹木は，それぞれの場所の生態環境に合った根系を発達させている．地表からわずかしか伸びていない幼樹でも，根は幹の長さの何倍にも伸びていることがある．そこで，植え付けた苗の根をなるべく早く，水分のある土中深くまで伸ばす手法の開発に取り組んだ．その第一歩は「サヘルの森」というNPOによって，1990年頃から西

アフリカ，マリ共和国の植林現場で実践された．そこでは，細くて深い穴を掘り，その中を十分湿らせてから，苗木を植えた．植付け後の灌水ではなく，植付け前の十分な灌水に重点を置いているが，苗は普通のポット苗を利用した．

　次に考えた方法は，最初から地下深くまで届くような長い根を持つ苗を育てて植栽する方法である．その場合に問題となるのは，そのような長い根を持った苗をどう育てるかということと，その苗を植付けられるような深い穴をどのようにして掘るかということである．これらの点について何年か日本国内で試行したり，アラブ首長国連邦の砂丘地帯での試験を行った結果，次第に現場で応用可能な技術が確立されてきた．すなわち，長根苗の育苗が可能となり，また長根苗の定植方法を試行錯誤する中から，小径パイプを使った簡易掘削法による植栽技術ができあがった．この技術は長根苗の定植だけでなく，土壌や根系を観察するための穴を掘ることや，根の誘導を目的とした土壌の物理性や養水分状態を改良することにも利用できる．これらの技術を組み合わせることによって，それぞれの環境条件に応じた根系のデザインが次第に現実的なものになってきた（東海林・阿部 1997，小島ら 1998）．以下，樹木の長根栽培を例にとって具体的な方法を解説する．

3．長根苗の育成方法

　乾燥地に特有な樹木の根の生長は，想像以上に速い．そのため，育苗に小型容器を利用すると根が鉢底から出てしまうが，その場合は鉢を移動してそれ以上伸びないようにする．しかし，育苗期間が長いと，どうしても鉢の中で根が渦巻き状になり，いわゆる巻き根の苗になってしまう．また，鉢底から根が伸びてしまった場合は，苗木の取り扱いを容易にするために，伸びた根を切断することが多い．以上のように，小型容器を使用した通常の育苗方法では，根の生長特性を有効に利用していないことが多い．そこで，根の伸長を抑制しないように育苗したのが長根苗（long-rooted seedling）である（図21.3）．長根苗は，以下のようにして育成する．

　① 普通のポットの代わりに薄いポリエチレンチューブ（物干し竿を売ると

きに入れるようなもの）を用意する．これを適当な長さに切り，下端は水が抜けるが土が落ちないように，縄やスポンジでとめてヒモでしばる．

② チューブには普通の培養土を入れるが，養分は少なめにした方が根の安定性（衝撃等に対する強度）がよい．なお，チューブの途中を何ヶ所か縛り，下部の土が堅くなるのを防ぐのがポイントである．

③ 普通のポットで育てた苗を植えてもよいし，チューブに直接種子を播いてもよい．ただし，堅くて発芽しにくい種子は，熱湯に浸したり，一部をハサミで切った後，水分を含んだ布に包んでポリエチレン袋に入れ，暖かな場所に置いて，発芽発根を促進する．根が出たらチューブに植える．

④ 簡易の木枠を作り，チューブに入った苗木をはさんで吊り下げる．割った竹で両側からはさんでしばり，立てかけてもよい．

図21.3 普通の苗木（右）と長根苗木（中・左）

⑤ チューブの中の水分状態を適正に保ち，必要があれば薄い液肥を与える．ただし，枝葉をあまり繁茂させないように，養分は控え目にする．

⑥ 樹種にもよるが，2～3カ月で根が1mくらいになる．1本の根だけでは苗立ちがうまくいかない場合もあるので，何本かの根を育成する．茎葉部が適当な大きさになり，根がかたまったら（移植時に破損しない程度の強度に達したら）定植する．

4．小径パイプを使った簡易掘削法による植栽

長根苗を植えるには深い植え穴が必要であるが，乾燥した砂地ではすぐに砂が崩れてしまうので，深い植え穴を掘ることは至難の技である．水をかけて湿らせてから掘るとやりやすいが，乾燥地ではなかなか水が得られない．そこで，少ない労力でも砂地で簡単に穴を掘れる小径パイプを使った簡易掘

4. 小径パイプを使った簡易掘削法による植栽

削法を開発した．道具は，適当な長さと太さの鉄製か塩化ビニル製のパイプ2本（パイプの長さは苗の根の長さに対応して2本とも1mくらいでよいが，太さは2本を入れ子にしたときに少し隙間ができる程度の組合せにする）と，砂を吸引するための電気掃除機（あるいはエンジン付き吸引機）である．作業の手順は，以下の通りである．

① 植栽地点の土壌にパイプ（外側）を立てる．砂地や比較的柔らかな土壌の場合は，その中に掃除機に接続したもう1本のパイプ（内側）を差し込み，内側の砂土を吸引する（簡単に掃除機が使えない場合については，⑥を参照）．掃除機で砂土を吸い取りながら外側のパイプを押し込むと，パイプは比較的容易に砂中に入り込んでいく．吸引パイプに入った砂は，掃除機の中に溜まっていく（図21.4）．

② 必要な深さで，吸引を止めて内側のパイプを引き上げると，外側のパイプで支えられた空間が出来る．

③ パイプ内に注水する．水は長根苗の根の先端が位置する深層のみに広がる．

④ 半割にした塩化ビニルパイプに長根苗を置き，ポリエチレンチューブを縦に切り裂いて開く．半割パイプの残り半分を重ねて裏返してから，ポリエ

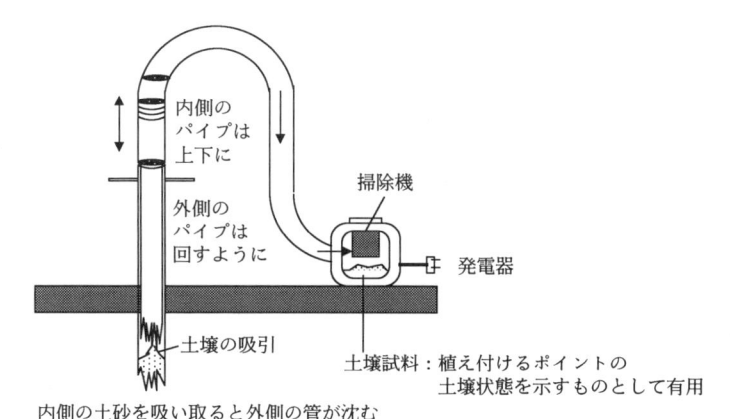

図21.4 小径パイプを使った簡易掘削法

第21章　沙漠緑化と根系の生育

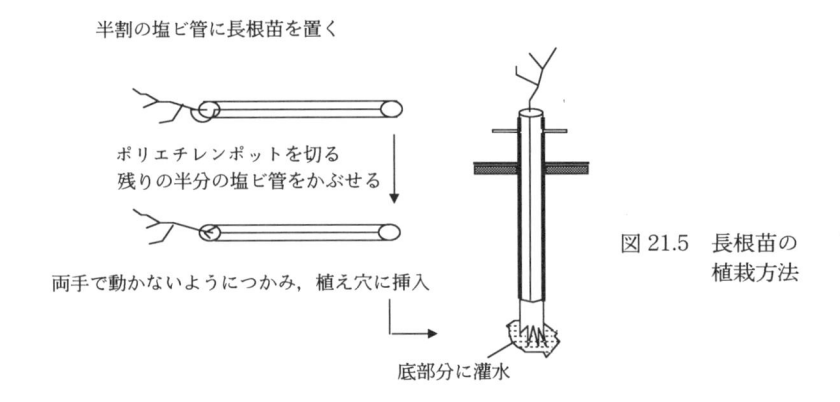

図21.5　長根苗の植栽方法

半割の塩ビ管に長根苗を置く
ポリエチレンポットを切る
残りの半分の塩ビ管をかぶせる
両手で動かないようにつかみ、植え穴に挿入
底部分に灌水

チレンチューブを取り去る．再び半割パイプを重ねて両手でしっかり持ち，パイプの中に挿入する（図21.5）．

⑤ パイプを揺すりながら徐々に引き上げるとともに，半割パイプも引き上げると，周囲の砂土が崩れて苗木の根が埋まり，植栽が完了する．

⑥ 簡単に掃除機が使えない場合は，手が入れられる程度の太さのパイプを使用して，手が届く深さまでは手や容器でパイプ内の砂土を取り除き，それより深い部分は細いパイプの先端を加工したシングルパイプスコップを使って穴を掘る．

5．長根苗栽培のメリット

（1）労力や費用の軽減

沙漠において通常の人力で1m以上の植え穴を掘るには，多大な労力を必要とするが，上記の方法を用いれば比較的容易に，必要な深さの植え穴を掘ることができる．掃除機は軽量で，人力で容易に持ち運びができるため，簡単に移動でき，効率がよい．植付け後の灌水のために灌水チューブを設置する費用も必要ない．

（2）水の有効利用と根の自立

土壌表面から灌水すると，普通，水は表面から浅く広がってしまい，土壌深層まで浸透しにくい．根を深く伸ばすために土壌深層まで水を浸透させる

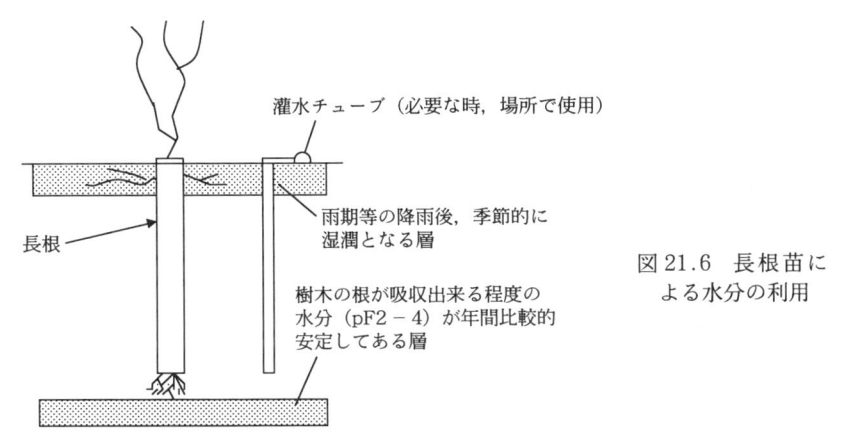

図21.6 長根苗による水分の利用

(図中ラベル: 灌水チューブ（必要な時，場所で使用） / 長根 / 雨期等の降雨後，季節的に湿潤となる層 / 樹木の根が吸収出来る程度の水分（pF2-4）が年間比較的安定してある層)

には，多量の水が必要となる．植付け前に根の下部に灌水しておけば，土壌表面からの水分の蒸発も抑えられ，水分が有効に利用できる．とくに砂地では，植え穴がやや深くなると土壌水分の毛管が切れ，土壌表層からの水分の消失がかなり少なくなる．また，土壌表層の水の有無に関わらず，土壌深層に根が達しやすいため，自然の有効水分を利用して根が自立的に生長していける可能性が大きい（図21.6）．

(3) 砂丘地での植栽が可能

砂丘での樹木の植栽においては，防砂用方形柵等を設置しない限り，砂の移動により通常の苗木（根の長さが20 cm程度）では根が浮いてしまい，倒れて枯死することが多かった．この長根の植栽では，根が長いため，砂丘地において通常の苗木よりも生存の可能性がかなり高くなる．

6．「根のデザイン」の今後

上記の「長根苗＋小径パイプを使った簡易掘削法」は，技術的にさらに進化を続けている．すなわち，穴掘り用パイプの材質と太さの組合せを工夫することで，穴掘りがさらに効率的になってきた．また，掃除機の他にドリルも組み合わせることで，いろいろなタイプの土壌でも穴を掘れるようになりつつあり，植付け前の土壌改良も容易に行うことができる．さらに，長根苗の代りに普通の苗を使っても，細長い穴を掘った後，保水性の高い土壌を充

填してから苗を植えれば，根が深くまで生長することも分かってきた．そのほか，直下根（垂直方向にのびた深い根）だけでなく水平根の伸長を促進させるための処理も試みている．

　以上で解説した技術を利用しながら，これまでマリ共和国やアラブ首長国連邦の乾燥地において植林活動を実施してきた．その後の生育状況についても継続的に調査しているが，現在のところ結果は良好である．また，両国において現地の関係者を招いてワークショップを開催し，苗木の植栽方法，成績不良地における改善，節水への本技術の応用について参加者と議論した．まだ根をデザインする技術が確立できたわけではないが，今後，「根のデザイン」という考え方を導入することによって乾燥地における植林技術が向上し，実際に労力を軽減したり，節水ができるようになるとともに，より条件の厳しい場所での植林が可能になると考えている．それが，自然で持続的な沙漠緑化につながり，生態系が回復していくことを期待している．

大沼洋康（国際耕種株式会社）
坂場光雄（株式会社エコプラン）

引用文献

小島通雅ら　1997．根の研究　6：112-115．
小島通雅ら　1998．GREEN AGE 289：42-46．
小島通雅・坂場光雄　2000．フォレストコンサル　80：11-15．
東海林知夫・阿部昌宏　1997．日緑工誌　23：26-28．

第22章　都市緑化と根系の生育

1. 都市化と都市緑化

　東京都北区にある飛鳥山公園は，現在，サクラの名所として知られているが，かつては将軍の鷹狩場として使われたほか，八代将軍徳川吉宗の時代には広く庶民に開放されたことでも有名である．都市における緑は，江戸時代でも都市民の憩いの場として機能していたわけである．その後，明治になると，幸田露伴は「公園は都府の肺臓なり」と呼び，工場から排出される煙で汚れた都市の空気を浄化する機能を評価した．また，明治神宮外苑のイチョウ並木は，都市の象徴としてバロック的な都市軸を構成するために設けられたし，関東大震災の復興において建設された公園は，スポーツやレクリエーション，子どもの遊び場として位置づけられてきた．戦争中は，防空緑地として都市の緑が確保されたこともあったが，戦後は公害防止や都市環境の改善のため，あるいは身近な自然の導入や自然の回復などを期待して緑化が進

図22.1　都市緑化の代表である桜並木

められてきた．このように都市緑化は，時代によって着目される側面は様々であったが，常に多面的で複合的な機能を果たしてきたといえる．

　この都市の緑が十分な機能を果たすためには，植物が健全に生育することが必要であり，それによって初めて目的が叶うことになる．たとえ，果実が実ることが期待される場合であっても，収量や経済性が高いことなどに直接の目的があるのではなく，花が咲いて果実がなり，樹木が大きく育つこと自体が大切であり，その生命感を味わうことが本質的に重要と考えられている（図22.1）．

2．都市緑化と植物の根

（1）都市緑化における植物の根

　盆栽においては，その樹形全体が鑑賞の対象となるなかで，その根の張り方が良いとか悪いとかについても大いに関心が持たれるが，緑化樹木においてはそのようなことはない．まれに神社などにある大木の根張りがその歴史の古さを象徴するとか，メタセコイアの気根が珍しいという理由から注目されることもあるが，ほとんどの場合，緑化植物は茎葉部全体あるいは花や果実，紅葉などが鑑賞の対象となる．したがって，都市緑化においては，根そのものに関心が寄せられることはほとんどなく，根は植物体を物理的・生理的に支えるものとして捉えられるのが一般である．

　伝統的な庭園技法の一つに，亀島に植えるマツの植え穴の底に瓦を敷くというものがある．日本庭園で，池の中に神仙思想に基づいた鶴島と亀島という二つの島を設ける様式がある．鶴島と亀島には，それぞれ鶴と亀を摸した樹木を植栽するが，亀島に植えるマツは亀をかたどるため上方に伸びることは期待されておらず，生長を抑制するために瓦を敷くのである．これに似た技法として，現代でもよく行われる緑化法に，タケを植栽する際にその根が不用意な方向に伸びないように根のまわりを瀬戸物や瓦などで囲うことがある．このように，根の生育を抑制することで目的を果たすこともあるが，一般には根の生育が促進されることが都市緑化につながることが多い．

（2）根の品質規定

　緑化植物を植える際の工事の仕様書には，その植物を健全に生育するために，根の品質が規定されている．たとえば，昭和56年に建設省（現国土交通省）が通知した「公共用緑化樹木の品質寸法規格基準（案）」（建設省都市局公園緑地課都市緑地対策室1996）はその後改訂されたが，その中に根に関して次のような規定がある（実際には根そのものの品質ではなく，樹木を移植する際に掘り上げられる根系を含んだ土のまとまりである根鉢に関する記述である）．すなわち，「根系の発達が良く，四方に均等に配分され，根鉢範囲に細根が多く，乾燥していないこと」となっている．新たに植栽される緑化樹木は，普通，圃場で栽培されたものであるが，出荷に際して作られた根鉢が上記の内容を満足していることが要求されているわけである．根が充分に発達していないものは植栽しても活着が悪く，その後の生長も期待できない場合が多いため，このような品質規定をしている．ただし，その表現は定量的なものではなく，経験的伝統的なものであり，造園建設業の中で一般化している認識を前提した表現になっている．

（3）移植と根回し

　新規の植栽ではなく，一般的な移植の場合も根の状態に大きな関心が払われ，根回し（nemawashi）が行われることが多い（上原敬二1973）．根回しという言葉は，現在では，あらかじめ周囲の各方面に話をつけておくこととして比喩的に使われることが多いが，元々は，移植する半年から2年くらい前に樹木の周囲を掘り，主根と太い側根を残してその他の根を切っ

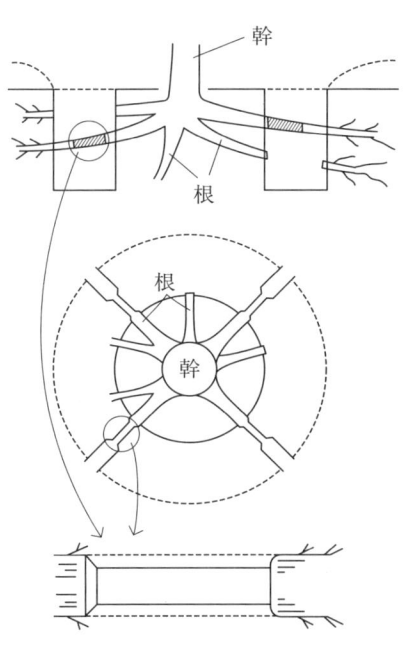

図22.2　根回し（上・中）と環状剥皮（下）

第22章　都市緑化と根系の生育

て細根を発生させ，移植を容易にすることを意味している．根の切断は根鉢に接して垂直に行い，切断面に割れや切損などがないように鋭利な刃物で切断することが大切とされている．また，切断しなかった太い側根からも細根の発生を促すために形成層の環状剥皮を行う．環状剥皮の幅は15～20 cmとし，内皮（俗にアマ皮という）が一切残らないように行うことが重要とされている（図22.2）．

林試式移植法と呼ばれる移植では，根回し時に根の切断面にオーキシン系（βインドール酪酸）の発根促進剤（rooting promoter）を塗布し，さらに畦

図22.3　林試式移植法による細根の発生

シート等のビニールシートを根の切断面から10～15 cm離して設置し，その間に完熟したバーク堆肥を詰める．さらに，直径5 cm以上の根は切断せずに環状剥皮を行って，その部分の形成層に発根促進剤を塗布して，かなり大量の細根を発生させることによって移植の成功率を上げている（図22.3）．

（4）根の生育制御技術

このほか都市緑化と根との関係を考えると，根が他の施設と関係する場合がいくつかある．たとえば，舗装，配水管，屋上の防水層との関係であるが，いずれも他の施設にとっては困った関係である．まず，舗装との関係については，街路樹などの根は土壌がやわらかく，水分・養分が多いほうへと伸長していく時に，舗装の路盤や路盤と表層の間を通っていく．やがて，その根

が肥大するとその舗装面が大きく膨れ上がってしまい，歩き難くなる．とくに，乳母車の通行や高齢者・ハンディキャップのスムーズな歩行に支障がきたすことになってしまう．配水管との関係も，舗装の場合に似ているが，配水管の継ぎ目から管の中へ根が侵入し，中で肥大してしまい，排水がしずらくなったり，流れなくなってしまうことがある．この現象は，以前よく使用していた陶管において多く発生しており，最近使用しているコンクリート管やビニール管では継ぎ目がしっかりと密閉される工夫がされており，発生が少なくなっている．最近，注目されている屋上緑化においても，その根が屋上コンクリートや防水層に悪影響を与えることが懸念されており，防根シート（root growth inhibiting membrane）と呼ばれる製品すら販売されている．そもそも植物の根は，コンクリートを打ち砕くほどの力はないが，何らかの理由により発生したクラックには水が溜まりやすいことから，そこへ植物の根が侵入していくことはある．その後，舗装の膨れ上がりのように屋上スラブのコンクリートや防水層にどれくらいの悪影響があるのかを確かめることは，屋上緑化にとって，一つの課題でもある．

このほか，健全な樹木の生育を期する目的で，根を踏圧から守るために樹木根囲い保護材（tree guard）を使うことがある．狭い歩道や広場の舗装において，植物の根を人々の踏圧から守り，雨水を浸透させるとともに人間の歩行しやすさや舗装の美しさを演出するために用いるわけである．

3．特殊土壌地における都市緑化

(1) 特殊土壌地と根の生育

戦後，都市化が郊外へ向かって進むなかで，その立地も変わってきた．すなわち，首都圏においては，昭和30年代には畑や運動場のような用途の土地に街が建設されることが多かったため，植栽基盤は比較的良好な場合が多かった．しかし，40年代も中頃になると都心部からさらに離れ，特殊土壌地と呼ばれる緑化植物にとって不良な立地で都市化が進むことになった．この特殊土壌地は，それぞれの特徴から次の四つの立地類型に分けられる（住宅・都市整備公団 1983）．

①臨海埋立地：建設残土や瓦礫などの都市廃棄物による埋立地や，浚渫（しゅんせつ）による海底泥砂の噴出堆積による埋立地で，緑化植物にとって不良な土壌である．

②低湿埋立地：低湿地，水田および湖沼等の埋立地では，一般的に地下水位が高く，排水不良な場合が多い．開発前の土壌は粘土や泥炭であるが，その上に建設残土等を埋立ており，緑化植物にとって不良な土壌である．

③丘陵造成地：開発前の丘陵地では植物の生育に適した表土が分布しているが，大規模造成工事により切土および盛土造成盤が大部分を占め，造成前には地中深く位置していた基盤が露出するため，緑化植物にとって不良な土壌である．

④施設跡地：工場などの施設跡地は，土壌がアルカリであったり，様々な有害物質が含まれている場合もある．また，施設に対する地耐力を増すために土地が締固められており土壌硬度が極めて高く，緑化植物にとって不良な土壌である．

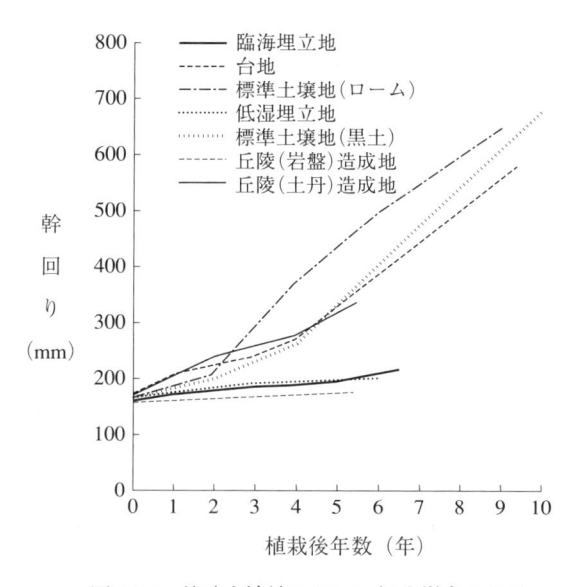

図22.4　特殊土壌地における緑化樹木の生長

特殊土壌地における緑化植物の生育は，いわゆる黒土や畑土などと呼ばれる関東ロームに植栽された場合に比べて，著しく不良である．ひどい場合には，樹木が全く生長しないどころか，枯れてしまうこともある（図22.4）．調べてみると，共通して言えることは，根の生長に異常が認められるということである（図22.5）．経験的には，その原因の多くが土壌に関係していることは分かっていたが，その詳細は当時明らかでなかった．しかし，特殊土壌地においても一日も早く緑化が進むことが強く求められたことから，特殊土壌地における植栽方法解明の研究や技術開発を行いながら，様々な試行が続けられてきた．

（2）植栽基盤の整備基準

その試行錯誤の繰り返しと研究の成果は，1983年に日本造園学会において試案として提出され，2000年には「緑化事業における植栽基盤整備マニュアル」（緑化環境工学研究委員会2000）としてまとめられた．このマニュアルは，基本的な方向を示したものであり，これをもとにして各事業主体がそれぞれの事業に適合する形で仕様書や整備基準などを現在整備しつつある．事業主体によって立地やその他の条件が様々で，また目標とするところも異なるため，植栽基盤整備基準も一様ではない．また，経済合理性をも追求する中で実際の事業の中では，最低限，枯れるという状態を回避するということに重点が置かれる場合も少なくなく，その結果として，化学性よりも物理性に重点を置いた植栽基盤整備基準（山本2000）になって

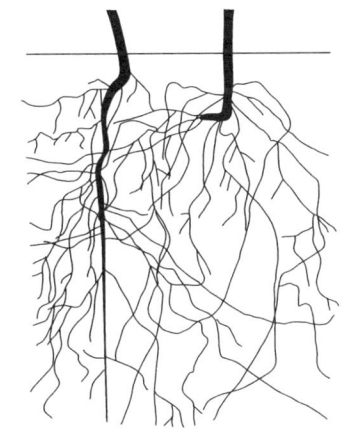

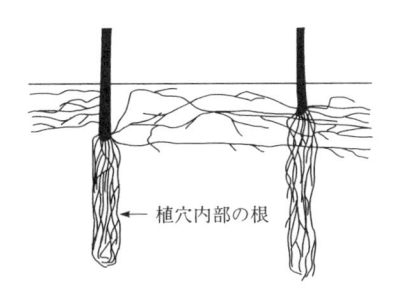

図22.5　特殊土壌地における緑化樹木の根
柔らかい土壌の根（上）と
硬い土壌の根（下）

表 22.1 都市公団における植栽基盤の整備基準（部分）

項目	単位	基準または基準値		方法
		上部有効土層	下部有効土層	
有効土層	−	多量の砕石・コンクリート夾雑物，地下水位，還元状態などが認められないこと．		検土杖調査 基本断面調査
排水性	mm/hr	30以上		長谷川式現場透水試験
土壌硬度	cm/drop	1.5〜4.0*		長谷川式貫入試験
粒径組成（土性）	−	（土性三角図：HC, SC, LiC, SiC, SCL, CL, SiCL, SL, L, SiL）		JIS A 1204 および国際土壌学会法による土性区分
pH（H$_2$O）	−	5.0〜8.5		ガラス電極法
電気伝導度	dS/m	1.0以下		1：5水浸出法
腐植含有量	g/kg	30以上	−	チューリン法または乾式燃焼法

*0.7cm/dropが5cm以上または1.0cm/dropが10cm以上連続した場合に固結層とみなす．

いる（表22.1）．

山本幹雄（都市基盤整備公団）

引用文献

建設省都市局公園緑地課都市緑地対策室監修 1996. 公共用緑化樹木品質寸法規格基準（案）の解説. 財団法人日本緑化センター, 東京.
上原敬二 1973. 樹木の移植と根廻. 加島書店, 東京.
住宅・都市整備公団 1983. 特殊土壌地の植栽施設測定調査報告書. 住宅・都市整備公団, 東京.
緑化環境工学研究委員会 2000. ランドスケープ研究 63（3）：224-241.
山本幹雄 2000. 都市基盤整備公団調査研究期報 125：80-86.

索　引

ABC

AE法（acoustic emission method）……27
Agrobacterium rhizogenes……………86
α－ナフチルアミン
　　（α-naphtylamine）………………48
atrichoblast………………………………84
DH集団（doubled haploids lines）…92
DNAマーカー（DNA marker）………67
EC（電気伝導度）………………………129
hyperaccumlator-plant…………………183
L型側根（L type lateral root）…………12
LISA（低投入持続的農業）……162,173
Nelson-Allmaras法………………………23
NIL（準同質遺伝子系統）…………93,94
nod遺伝子（nod gene）………………85
Nodファクター（Nod factor）…………86
pH………………………………………174,184
QTL解析（QTL analysis）……………92
RI集団（recombinant inbred lines）…92
*rol*遺伝子群（*rol* genes）………………88
S型側根（S type lateral root）…………12
S／R比（茎葉部重/根重比）……70,147
TDR法
　　（Time Domain Reflectometry）……138
trichoblast………………………………84
TTC
　　（triphenyl tetrazolium chloride）……48
VA菌根（vesicular-arbuscular
　　mycorrhiza）……………………………176
VA菌根菌（vesicular-arbuscular
　　mycorrhizal fungi）……………………148

あ行

アカクローバ
　　（*Trifolium pratense*）………………89
秋根……………………………………………145
アコースティック・エミッション法
　　（acoustic emission method）………27
アルファルファ（*Medicago sativa*）……89
アルミニウム（Al）……………………174
アレロパシー（allelopathy）……149,168
溢液（bleeding sap, xylem sap）………49
遺伝的変異（genetic variation）………69
イネ（*Oryza sativa*）………………………43
インターフェイス（interface）…………3
ウメ（*Prunus mume*）…………………140
うわ根（superficial root）…………100,103
ウンシュウミカン（*Citrus unshiu*）…141
エミッター（emitter）…………………135
円筒モノリス法
　　（cylindrical monolith method）………24
エンバク（*Avena sativa*）………………168
塩類集積（salt accumulation）………129
オオムギ（*Hordeum vulgare*）……42,177
オーガー法（augar method）……………24
オーキシン（auxin）………………………81
押し倒し抵抗値
　　（pushing resistance）…………………63
オーチャードグラス
　　（*Dactylis glomerata*）………………141

か行

回避（escape）……………………………106

索 引

改良モノリス法
　　（modified monolith method）……23
カキ（*Diospyros kaki*）………… 54,140
隔年結果（alternate year bearing）…147
可塑性（plasticity）……………4,13,178
カラタチ（*Poncirus trifoliate*）………142
カルシウム（Ca）………………132,175
環境変異（environmental variation）…69
緩効性肥料
　　（slow-release fertilizer）…………130
間作（intercropping）………………169
乾燥地（arid land）…………………186
貫通力………………………………93
灌木間作（alley cropping）…………157
キウイフルーツ
　　（*Actinidia deliciosa*）……………142
キク（*Crysanthemum morifolium*）…168
キャベツ（*Brassica oleracea*
　　var. capitata）……………………121
強勢台木（vigorating rootstock）……144
キンギョソウ
　　（*Antirrhinum majus*）………88,133
クエン酸（citric acid）………………175
クリーニング作物（cleaning crop）…169
クロタラリア
　　（*Crotalaria* spp.）……………163,168
傾斜重力屈性
　　（plagiogravitropism）………108,111
茎葉部重/根重比（S/R比）…… 70,147
茎粒（stem nodule）…………………164
計量式ライシメーター
　　（weighing lysimeter）……………32
ケージ法（cage method）……………23
ケナフ（*Hibiscus cannabinus*）………182
ケミカルコントロール
　　（chemical control）………………128

コアサンプリング法
　　（core sampling method）…………24
合成植物（composite plant）…………88
硬盤層（plow pan）…………………15
呼吸速度（respiration rate）…………48
個根（individual root）………………10
コーヒー（*Coffea* spp.）……………156
コムギ（*Triticum aestivum*）
　　………………… 46,72,73,74,111
ゴールデンポトス
　　（*Epipremnum avreum*）…………182
根圧（root pressure）…………………49
根域（rooting zone）……………20,126
根域制限栽培
　　（root zone restrictive culture）……149
根域制限用塗料……………………128
根系（root system）………………4,10
根系開度
　　（spreading angle of root system）…69
根系構造（root system structure）……11
根圏（rhizosphere）…………………174
根菜類（root crop）…………………122
混作（mixed cropping）……………169
根重（root weight）…………………18
根重密度（root weight density）………20
根数（root number）…………………19
根数密度（root number density）……19
コーンスティープリカー
　　（Corn Steep Liquor：CSL）………131
根端分裂組織
　　（root apical meristem）………78,84
根長（root length）…………………19
根長密度（root length density）
　　………………… 19,20,107,157
根毛（root hair）……………………84
根粒（root nodule）…………………85

さ行

サイクリン（cyclin）··················79
サイクリン遺伝子群（cyclin genes）···85
サイトカイニン（cytokinin）
　···················· 53,72,81,95,104
細胞周期（cell cycle）············· 78,85
サイラトロ
　（*Macroptilium atropurpureum*）······89
作付体系（cropping system）··········162
雑種強勢（heterosis）··············72
サツマイモ（*Ipomoea batatas*）·······168
沙漠（desert）·····················186
塹壕法（trench method）··············22
酸性ホスファターゼ
　（acid phosphatase）·············175,179
三要素試験·························102
施設園芸（protected horticulture）····129
自然農法···························101
湿潤域（wetted zone）··············136
重金属（heavy metals）···········183,184
集中型根系
　（concentrated type root system）·····13
主根型根系（main root system）·119,166
種子根（seminal root）················111
種子根系（seminal root system）······112
出液（bleeding sap, xylem sap）·······49
出液速度（bleeding (sap) rate）·······49
受動的吸水
　（passive water absorption）·········31
寿命（longevity）··················112
樹木根囲い保護材（tree guard）········199
蒸散速度（transpiration rate）··········31
初生種子根
　（primary seminal root）·········111,119
シロイヌナズナ
　（*Arabidopsis thaliana*）········ 76,83
シロクローバ（*Trifolium repens*）·····170
シロバナルーピン
　（*Lupinus albus*）···············175
深耕（deep plow）················145,154
深根性·····························107
深層追肥···························98
伸長期間（root elongation period）······21
水稲（lowland rice）············62,69,98
清耕栽培（clean cultivation）·········148
生体電位（electric potential）··········53
西洋ミヤコグサ
　（*Lotus corniculatus*）···········89
セスバニア（*Sesbania* spp.）······ 85,163
節根（nodal root）············· 11,112
セル成型苗（plug seedling）··········125
扇形法
　（sectorial excavation method）·······22
全層施肥····························98
線虫対抗植物（antagonistic plant）···168
草生栽培（sod culture）············148
側条深層施肥························98
疎植栽培····························99
側根（lateral root）·········11,84,85,109
ソルガム（*Sorghum bicolor*）··········169

た行

台勝ち
　（rootstock overgrowing scion）·····144
耐乾性（drought resistance,
　drought tolerance）············ 91,106
台木（rootstock）··················142
ダイコン（*Raphanus sativus*）·········168
耐湿性（flooding tolerance）··········164
ダイズ（*Glycine max*）·· 38,117,121,178
耐倒伏性（lodging resistance）··········62
堆肥（compost）···················100

台負け
　（scion overgrowing rootstock）……144
高接ぎ（top grafting）………144
タバコ（*Nicotiana tabacum*）………175
タマネギ（*Allium cepa*）………46
断根処理（root pruning）………152
窒素（nitrogen）………114
窒素固定（nitrogen fixation）………166
チャ（*Camellia sinensis*）………54,151
中間台木（intermediate stock）………144
中耕（intertillage cultivation）………121
中性子ラジオグラフィ法
　（neutron radiography）………26
長根苗（long-rooted seedling）………189
超着生系統（super-nodulation）……167
通気組織（aerenchyma）………105
接ぎ木親和性（graft compatibility）‥144
ツツジ（*Rododendron* spp.）………182
低投入持続的農業（Low Input Sustain-
　able Agriculture : LISA）……162,173
低硫酸根緩効性肥料（low-sulfate
　slow-release fertilizer : LSR）……130
電気伝導度
　（electric conductivity : EC）………129
テンサイ（*Beta vulgaris* L.
　var. *sacsaccharifera*）………122
天水田（rainfed lowland）………15,110
点滴灌漑（drip（trickle）irrigation）‥135
デントコーン………169
田畑輪換………164
同位元素（isotope）………40
トウガラシ（*Capsium annuum*）………136
同質遺伝子系統（isogenic line）………74
到達深度（rooting depth）………20
倒伏（lodging）………62
トウモロコシ（*Zea mays*）
　………38,59,119,178

土壌孔隙（soil pore）………119
土壌硬度（soil hardness）………115
土壌浸食（soil erosion）………156
土壌断面法（profile wall method）……22
土壌の物理化学性………114
土地等価率（Land Equivalent
　Ratio : LER）………170
突然変異体（mutant）………78,83
トポロジー指数（topology index）……21
トマト（*Lycopersicon esculenthum*）
　………37,136

な 行

苗の老化………126
中干し（midseason drainage）………52
ナギナタガヤ（*Vulpia myuros*）……149
ナシ（*Pyrus serotina*）………140
ニーレンベルギア
　（*Nierembergia scoparia*）………88
根（root）………2
根活力分布診断法………45
ネグサレセンチュウ
　（root-rot nematode）………168
ネコブセンチュウ
　（root-knot nematode）………168
根の起源や進化
　（origin and evolution of roots）………2
根の伸長（root elongation）………79
根の伸長速度（root elongation rate）…21
根の伸長方向
　（root growth direction）………21
根の直径（root diameter）‥21,62,65,70
根のデザイン（designing roots）…4,188
根の到達深度（rooting depth）………20
根の表面積（root surface area）………19

根の深さ指数
　（root depth index）……………20, 107
根箱法
　（root chamber (box) method）………25
根鉢（root ball）……………………126
根分泌物（root exudate）……………175
根回し（nemawashi）………………197
能動的吸水
　（active water absorption）……………31
ノンストレス施肥法………………………130

は行

バイオレメディエーション
　（bioremediation）…………………181
ハイドローリック・リフト
　（hydraulic lift）………………………50
胚発生（embryogenesis）……………77
白色根（white root）………146, 152, 158
バスケット法（basket method）…24, 108
畑輪作（crop rotation）………………165
パターン形成（pattern formation）……84
発掘法（excavation method）…………22
発根促進剤（rooting promoter）………198
パピルス（Cyperus papyrus）…………182
バラ（Rosa hybrida）…………………86
春根…………………………………145
半乾燥地（semi-arid land）……………186
汎用化水田……………………………163
半矮性遺伝子（semidwarf gene）…70, 72
ビオトープ（biotope）………………182
ひげ根型根系（fibrous root system）
　………………………11, 111, 119, 166
比根長（specific root length）…………20
ピシジン酸（piscidic acid）……………175
必須元素（essential elements）…………39

ヒートバランス（茎熱収支）法
　（heat balance method）………………36
ヒートパルス法
　（heat pulse method）…………………35
費用対効果（cost-benefit）……………178
肥料（fertilizer）………………………98
ビワ（Eriobotrya japonica）…………142
ピンボード法（pinboard method）……23
ファイトマー（phytomer）……………112
ファイトレメディエーション
　（phytoremediation）……………169, 182
深水管理………………………………99
不耕起栽培（montillage cultivation）
　………………………74, 115, 117, 157
ブドウ（Vitis spp.）……………137, 141
浮動式ライシメーター
　（floating lysimeter）…………………32
フラクタル次元（fractal dimension）…21
ブロック法
　（soil-block washing method）………23
ブロッコリー（Brassica oleracea）…169
プロテオイド根（proteoid root）……175
分散型根系
　（scattered type root system）………13
分枝係数（branching coefficient）……20
分枝指数（branching index）…………20
ヘアリーベッチ（Vicia villosa）……149
平均根長（mean root length）…………19
平面発掘法
　（horizontal excavation method）……22
ペレニアルライグラス
　（Lolium perenne）…………………170
防根シート（root growth inhibiting
　membrane）……………………149, 199
ホウレンソウ（Spinacia oleracea）…165
穂木（scion）…………………………144
保険をかける……………………………7

補償的……………………………109,111
ポトメータ（potometer）……………31
ポプラ（*Populus nigra*）…………182

ま行

マーカー選抜法
　（marker-aided selection）…………92
マリーゴールド（*Tagetes patula*）…168
マンゴ（*Mangifera indica*）…………150
水ストレス（water stress）…………91
ミニリゾトロン
　（mini-rhizotoron）……………24,171
ミヤコグサ（*Lotus japonicus*）………83
ムギネ酸類（mugineic acids）………175
無限型根粒（indeterminate nodule）…85
無枠モノリス法
　（non-frame monolith method）……23
メロン（*Cucumis melo*）………86,137
毛状根（hairy root）……………………86
木部汁液（xylem sap）……………41,49
木化根（lignified root）………………152
モノリス法（monolith method）………23
モモ（*Prunus persica*）………………140

や・ら・わ行

山中式土壌硬度計……………64,115,151
有機養液土耕栽培
　（organic fertigation）………………132

有限型根粒（determinate nodule）……85
ユーカリ（*Eucalyptus*）………………182
ユーロピウム（Eu）……………………45
養液栽培（soilless culture）…………133
養液土耕栽培（drip fertigation）……131
幼根（radicle）…………………………78
ライフサイクル（life cycle）……………8
ライン交差法
　（line intersection method）…………19
ラッカセイ（*Arachis hypogaea*）
　……………………………85,89,168
陸稲（upland rice）………………91,105
理想型根系
　（ideotype of root system）………5,11
リゾトロン（rhizotoron）…………24,171
リゾボックス法（rhizobox method）…25
リゾメーター（rhizometer）……………26
量的形質遺伝子座
　（quantitative trait loci：QTL）……68
リンゴ（*Malus pumila*）……………142
リン酸……………………………………178
ルートスキャナー
　（root length scanner）………………19
ルドベキア（*Rudbeckia hirta*）…88,168
ルートマップ（root map）……………22
ルビジウム（Rb）…………………45,103
レタス（*Lactuca sativa*）……………136
連作障害（いや地）………………149,168
ロックウール耕………………………133
矮性台木（dwarfing rootstock）……144

「根のデザイン」編者紹介

森田 茂紀（もりたしげのり）

1954年 横浜生まれ
東京大学大学院修了，農学博士（現在の専門：作物栽培学 根の生態学）
東京大学大学院農学生命科学研究科附属農場・教授
鳥取大学乾燥地研究センター・客員教授
国際根研究学会（ISRR）副会長，根研究会（JSRR）評議員，日本作物学会評議員
著書に「根の発育学」東京大学出版会，「根の事典」朝倉書店（編集委員会代表）
など

JCLS 〈㈱日本著作出版権管理システム委託出版物〉

2003　　2003年11月25日　第1版発行

根のデザイン

著者との申し合せにより検印省略

Ⓒ著作権所有

本体 3400 円

著作代表者　森　田　茂　紀

発　行　者　株式会社 養賢堂
　　　　　　代表者 及川 清

印　刷　者　公和図書株式会社
　　　　　　責任者 佐々木 明

発行所　株式会社 養賢堂
〒113-0033 東京都文京区本郷5丁目30番15号
TEL 東京(03)3814-0911　振替00120
FAX 東京(03)3812-2615　7-25700
URL http://www.yokendo.com/

ISBN4-8425-0353-X C3061

PRINTED IN JAPAN　　製本所　板倉製本印刷株式会社

本書の無断複写は、著作権法上での例外を除き、禁じられています。
本書は、㈱日本著作出版権管理システム（JCLS）への委託出版物です。本書を複写される場合は、そのつど㈱日本著作出版権管理システム（電話03-3817-5670、FAX03-3815-8199）の許諾を得てください。